ape
PIAGGIO

ape PIAGGIO

Giorgio Sarti

70 ANNI/YEARS

GIORGIO NADA EDITORE

GIORGIO NADA EDITORE SRL

Coordinamento editoriale/Editorial manager
Leonardo Acerbi

Redazione/Editorial
Giorgio Nada Editore

Progetto grafico, impaginazione e copertina/Graphic design and cover
Sansai Zappini

Traduzione/Translation
Neil Davenport

A mia moglie Roberta.
È salita per la prima volta in sella
sulla mia Vespa 200 Rally nel 1978.
È ancora in sella con me.

To my wife Roberta.
She climbed onto my Vespa 200 Rally
for the first time in 1978.
And she is still riding with me.

Giorgio Nada Editore
Via Claudio Treves, 15/17
I – 20090 VIMODRONE MI
Tel. +39 02 27301126
Fax +39 02 27301454
E-mail: info@giorgionadaeditore.it
http://www.giorgionadaeditore.it

Distribuzione/Distribution:
Giunti Editore SpA
via Bolognese 165
I – 50139 FIRENZE
www.giunti.it

FONTI ICONOGRAFICHE/ILLUSTRATIVE SOURCES

RINGRAZIAMENTI/ACKNOWLEDGEMENTS

Un enorme ringraziamento va naturalmente alla Piaggio che ha fornito moltissime informazioni e illustrazioni. Senza questa collaborazione il libro non sarebbe mai potuto nascere. Sono riconoscente in modo particolare a Paolo Pezzini, Eleonora Aspesi, Laura Pacchioni e Giuseppina Valente per la sede di Milano e a Margherita Scotti per quella di Pontedera, dove l'Archivio Piaggio ha svolto un contributo fondamentale.
Un caloroso grazie va all'amico Tonino Santese che mi ha aiutato al momento di dare il via alla più che impegnativa catalogazione dei modelli.
Un sentito ringraziamento a Leonardo Acerbi, responsabile editoriale di Giorgio Nada, che ha seguito l'impaginazione e la realizzazione di questo libro con la precisione che contraddistingue tutte le sue produzioni. Non ultimo, per la pazienza accordata all'autore.

L'autore

Enormous thanks naturally go to the Piaggio company for the provision of great quantities of information and illustrations. Without this help the book could never have been written. I am particularly grateful to Paolo Pezzini, Eleonora Aspesi, Laura Pacchioni and Giuseppina Valente in Milan and Margherita Scotti at Pontedera where the Piaggio Archive made a fundamental contribution.
Warm thanks to my friend Tonino Santese who helped when the time came to start the particularly demanding task of cataloguing the various models.
Heartfelt thanks to Leonardo Acerbi, editorial director at Giorgio Nada, who worked on the layout and production of this book with the precision that distinguishes all of his projects. Not least, for the patience shown to the author.

The author

APE PIAGGIO
ISBN: 978-88-7911-698-5

30° GIORGIO NADA EDITORE anniversary 1988-2018

Sommario/Contents

CLUB E RADUNI/*CLUBS AND RALLIES*

ALLESTIMENTI SPECIALI E MERCATI ESTERI/*SPECIAL VERSIONS AND FOREIGN MARKETS*

LA MEMORIA STORICA/*HISTORICAL MEMORY*

IL CATALOGO/*THE CATALOGUE* **180**

MOTORI A BENZINA/*PETROL ENGINES* **182**

MOTORI DIESEL/*DIESEL ENGINES* **222**

50 CC **244**

Introduzione

Se si dovesse dare un voto al veicolo più simpatico mai prodotto sulla faccia della Terra è molto probabile che sarebbe l'Ape a portarsi a casa il primo premio. Perché nella sua perfetta ricerca della massima funzionalità, dove niente è concesso alla forma, riesce invece a coniugare splendidamente i due elementi come nessun altro mezzo stradale è mai stato capace di fare.
E lo si vede bene soprattutto nelle immagini dei modelli commercializzati negli anni Cinquanta e Sessanta, con le pubblicità delle varie aziende commerciali esposte sulle fiancate: via libera alla creatività e grande efficacia nella comunicazione "dinamica". Il tutto portato a spasso da un veicolo che più semplice non potrebbe essere: all'inizio è addirittura una Vespa con un cassoncino applicato dietro. Forma e funzione perfettamente integrate.
A me, appassionato vespista, l'Ape è sempre piaciuto. Più di una volta sono stato tentato dall'acquisto di un mezzo d'epoca così, solo per simpatia. Poi, le solite scuse: occupa spazio, quando mai si usa, il motore a due tempi ha troppi vizi nel bere e nel fumare. Mancando il coraggio del grande passo – e invidiando contemporaneamente i collezionisti che invece lo avevano compiuto – ho sublimato il tutto acquistando alle varie mostre-scambio tutti i dépliant che riuscivo a trovare.
Qui fare la collezione completa è certo più agevole rispetto a quella in 3D ma ad un certo punto è venuta spontanea la domanda: ci sono tutti? Ovvero: qualcuno li ha mai catalogati questi benedetti Ape? Perché un conto è la Vespa, dove ogni modello è stato testato dalle riviste specializzate con tanto di prove su strada, rilevamenti e quant'altro, un conto è un veicolo commerciale che nessuna rivista ha mai provato su strada, tanto importa solo quanti quintali può caricare.
E qui è scattata la ricerca per un bel libro sull'Ape, che potesse spaziare su tutta la produzione, dalle origini in poi. Con una certa delusione, ho scoperto che nessuno lo aveva mai fatto. E ho capito anche perché: zero riviste, zero informazioni. E poi, i cultori della Vespa sono tanti e sanno tutto; provate invece a intervistare qualcuno mentre scarica dal suo Ape le cassette del pesce o dell'acqua minerale.
È nato da qui il desiderio di colmare personalmente la lacuna, trasformando in caccia alle informazioni il sogno inespresso dell'Ape mai acquistato. Come suol dirsi, con me Freud si sarebbe divertito da matti. Il risultato è nelle vostre mani, spero vi possa divertire anche solo la metà di quanto mi sono divertito io.

L'autore

Introduction

If there was a vote for the most likeable vehicle ever produced on the face of the Earth, it is very likely that the Ape would take home the first prize. Because in its search for the utmost functionality, in which nothing is conceded to form, it nonetheless manages to combine the two elements beautifully in a way that no other road-going vehicle has ever been able to.

This is especially evident in pictures of models sold in the Fifties and Sixties and carrying advertisements for various companies displayed on their side panels: a green light for creativity and a very effective means of "dynamic" communication. All this being taken for a ride aboard a vehicle that could hardly be any simpler – in the beginning it was really just a Vespa with a little cargo bed fixed to the back. A perfect combination of form and function.

As an ardent fan of the Vespa scooter, I have always liked the Ape. More than once have I been tempted to buy a classic vehicle like this, just because I like them. Then come the usual excuses – it takes up too much space, when would I ever use it, the two-stroke engine smokes and drinks too much. Lacking the courage to take this great step – while envying those collectors who had instead taken the plunge – I diverted my energy to buying all the brochures I could find at the various auto jumble markets.

With brochures it is certainly easier to put together a complete collection than it is with the 3D version, but at some point the question arose – have I got them all? Or rather – has anyone ever catalogued these blessed Apes? The Vespa is one thing, of course, with each model reviewed by specialist magazines with the relative road test, specifications and so on, but it is quite another matter to do it with a commercial vehicle that no magazine has ever tested on the road and when the only thing that interests people is its maximum load carrying capacity.

And that is when the search for a really good book on the Ape began, a book that covered the whole production output, from its origins onwards. I was rather disappointed to find that nobody had ever written one. And then I found out why – no magazines and no information. Moreover, while there are loads of Vespa lovers who know everything, try interviewing someone about his Ape as he is unloading boxes of fish or crates of mineral water.

This sparked the urge to fill this gap in person, transforming my unrealised dream of owning an Ape into a hunt for information. As they say, Freud would have had a field day with me. The end result is in your hands. I hope that you enjoy reading it even half as much as I did writing it.

The author

LA STORIA

HISTORY

Manca ancora la cabina, per il resto c'è già tutto: avantreno e motore della Vespa, due ruote posteriori per sostenere il carico del cassone e delle merci. Semplice e, nella sua essenzialità, perfetto.

There was no cab yet, but everything else was in place: the Vespa front end and engine, two rear wheels supporting the weight of the cargo bed and the goods. Perfect in its simplicity.

L'idea di realizzare un furgoncino basato sulla struttura della Vespa nasce quasi contemporaneamente alla Vespa stessa. Fautore dell'iniziativa è Enrico Piaggio, colui che sul nuovo scooter aveva fatto convergere tante risorse credendo, con lungimiranza, nel suo successo. La richiesta per la realizzazione di un tre ruote dedicato al trasporto leggero passa ovviamente all'ufficio dell'ingegner Corradino d'Ascanio che, pur desiderando in cuor suo di dedicare il proprio tempo ai sofisticati e amati elicotteri, inizia a mettere nero su bianco le linee fondamentali per il futuro motofurgone.

I primi disegni sono dell'aprile 1946, quando la Vespa sta entrando nelle vetrine dei concessionari. La prima decisione, anche se apparentemente banale, è in realtà importante: dove posizionare il cassoncino? Il resto del veicolo è infatti praticamente già pronto dato che per questo progetto ci si basa in pratica sulla Vespa 125 in produzione in quel momento. Ma per il cassoncino vanno valutate le due possibili disposizioni: anteriore e posteriore, per entrambe sussistono pregi e svantaggi. Se è anteriore infatti si semplifica la trazione (niente differenziale) ma si perde in visibilità a pieno carico e soprattutto in maneggevolezza. Se invece il cassoncino è posteriore si può caricare maggiormente in altezza e si guadagna in maneggevolezza ma c'è da affrontare la complicazione e i costi del differenziale. Alla fine è proprio quest'ultima versione quella che viene prescelta, una decisione comunque non facile. Non a caso la Lambretta della Innocenti, per esempio, realizza l'anno

N. 13-14 Anno XVI - Milano, 15 Aprile 1947 (Spedizione in abbonamento postale - Gruppo 2°) QUESTO NUMERO Lire 50

la moto la bicicletta

COMPLETA DESCRIZIONE DELLA MOSTRA DI TORINO

L'APE
IL NUOVO MOTOFURGONE IDEATO DALLA PIAGGIO & C. DI GENOVA

Caratteristiche del motofurgone "APE": motore a 2 tempi - cilindrata 125 cmc. - portata 200 Kg. - velocità massima a pieno carico Km. 40 - consumo 1 litro per 35 Km. - cambio a 4 marce - sospensione elastica anteriore e posteriore - trasmissione con differenziale - Rappresentante per la vendita: S. A. R. P. I. - Genova Via Galata n. 33 - Telefono 54.770

Anche il motofurgone è stato portato ad una completa evoluzione per merito della PIAGGIO & C. di Genova che presenta qui il suo nuovo prodotto di pace: il motofurgone "APE" che costituisce un'altra brillante incarnazione di tendenze profondamente innovatrici basate su principi razionali già tradotte in concreto sulla "VESPA". Il motofurgone "APE" è destinato ad incontrare il favore di quel pubblico che ha necessità di un veicolo pratico, sicuro, economico per i piccoli trasporti e la serietà della ditta costruttrice garantisce d'altronde di per se stessa la bontà di questa macchina prodotta su vasta scala.

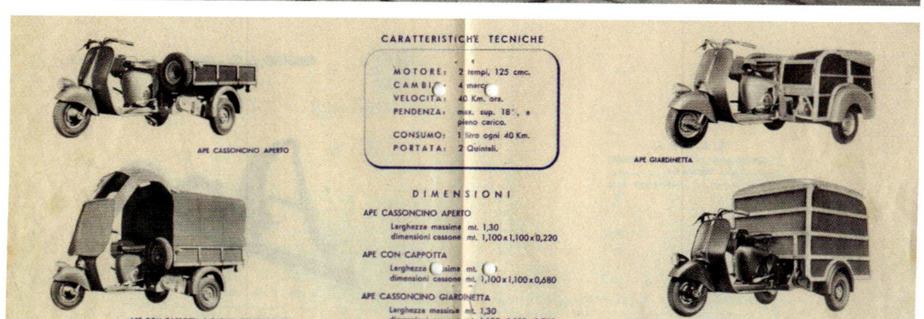
APE CASSONCINO APERTO

APE CON CAPPOTTA E CABINA CONDUCENTE

CARATTERISTICHE TECNICHE

MOTORE: 2 tempi, 125 cmc.
CAMBIO: 4 marce
VELOCITÀ: 40 Km. ora.
PENDENZA: max. sup. 18°, a pieno carico.
CONSUMO: 1 litro ogni 40 Km.
PORTATA: 2 Quintali.

DIMENSIONI

APE CASSONCINO APERTO
Larghezza massima mt. 1,30
dimensioni cassone mt. 1,100 x 1,100 x 0,220

APE CON CAPPOTTA
Larghezza massima mt. [illegible]
dimensioni cassone mt. 1,100 x 1,100 x 0,680

APE CASSONCINO GIARDINETTA
Larghezza massima mt. 1,30
dimensioni cassone mt. 1,100 x 1,100 x 0,700

APE GIARDINETTA

APE CASSONCINO GIARDINETTA

The idea of making a small van based on the Vespa was born almost at the same time as the Vespa itself. The suggestion was put forward by Enrico Piaggio, who had invested heavily in the new scooter, having the foresight that it would be successful. The request for the creation of a three-wheeler devoted light transport was obviously passed on to Ingegner Corradino d'Ascanio's office. Even though d'Ascanio would have preferred to spend his time working on his beloved and sophisticated helicopters, he began to sketch out the basic lines of the future three-wheeled van.

The first drawings date from April 1946, when the Vespa was just about making its first appearance in the dealers' showrooms. The first decision to be made, although apparently banal, was actually all-important: where should they place the cargo bed? The rest of the vehicle was to all intents and purposes ready, as the project was based on the Vespa 125 that was already in production at that time. However, two possible positions for the cargo bed had to be taken into consideration: at the front or at the back with advantages and disadvantages for both. If it were at the front, the transmission would be simpler as no differential would be required, but visibility and above all handling would suffer. If, on the other hand, the cargo bed were at the rear you could carry a greater load and enjoy better handling but there would be the complication and cost of fitting a differential. In the end, the latter configuration was chosen, although it was not an easy decision to make.

Il 1946 è un anno fondamentale per la Piaggio: la Vespa è pronta per le prime consegne ma inizia anche il progetto per quello che sarà il futuro Ape. Anche in questo caso, come per lo scooter, l'iniziativa parte da Enrico Piaggio e sarà messa in pratica dall'ingegner Corradino d'Ascanio.

1946 was a crucial year for Piaggio: first deliveries of the Vespa were ready and work was underway on what would become the Ape. As in the case of the scooter, it was Enrico Piaggio who took the initiative and Ing. Corradino d'Ascanio who put his ideas into practice.

Le tappe principali
The main stages of development

1946 – aprile: i primi disegni
1946 – luglio: il primo prototipo
1946 – novembre: il primo Salone (Milano, Triennale)
1947 – aprile: le prime consegne di pre-produzione
1947 – maggio: le prime copertine sulle riviste
1947 – giugno: il secondo Salone (Milano, Fiera Campionaria)
1948 – l'Ape entra regolarmente in produzione

1946 – April: the first drawings
1946 – July: the first prototype
1946 – November: the first Motor Show (Milan, Triennale)
1947 – April: the first pre-production deliveries
1947 – May: the first magazine covers
1947 – June: the second show (Milan, Fiera Campionaria)
1948 – the Ape goes into production

Sopra e nella pagina a fianco, alcune immagini di “prodotto” tratte dai uno dei primi pieghevoli ufficiali diffusi per promuovere l’Ape.

Above and on the facing page, some “product” pictures taken from the first official brochures used to publicize the Ape.

successivo il suo motofurgone con il cassoncino anteriore. E non sarà la sola.
Una volta definito lo schema preliminare, a partire dall’aprile del 1946 a Pontedera si passa dal lucido della carta sul tecnigrafo ai pezzi realizzati dal Reparto Sperimentale e già a luglio si può esaminare il primo prototipo, pronto per i collaudi su strada. La sperimentazione prosegue nei mesi successivi e a novembre si può già festeggiare il primo Salone, con il nuovo tre ruote in bella vista nello stand Piaggio della Triennale di Milano.
L’accoglienza del pubblico è tiepida, come peraltro lo era stata anche alla presentazione della prima Vespa, la 98. Il pubblico si è appena abituato al concetto di “piccola vettura a due ruote” (come dice la pubblicità Piaggio), ma non è ancora pronto per apprezzare un veicolo di questo genere e resta piuttosto perplesso. Ma Enrico Piaggio crede fermamente nel progetto e spinge per accelerare la messa in produzione del modello di serie. Il nome Ape è già deciso e appare sullo scudo. Nel mese di aprile del 1947 vengono consegnati i primi 20 esemplari, a maggio il tre ruote appare sulle copertine delle riviste del settore come grande novità. E a giugno la versione pressoché definitiva viene presentata al secondo Salone, che si svolge ancora a Milano ma nella nuova sede della Fiera Campionaria. Sarà l’inizio di una formidabile carriera.

Storia di un nome
The history of a name

Secondo la leggenda, quando Enrico Piaggio vide per la prima volta il prototipo dello scooter di Corradino d’Ascanio esclamò: «Sembra una vespa!». In effetti la vita sottile tra le due sagome arrotondate dell’anteriore e del posteriore può effettivamente ricordare l’insetto in questione. Sta di fatto che il nome resta e ha successo, così come il veicolo che porterà tale denominazione.
Da qui a denominare Ape il veicolo successivo il passo è breve e si può dire con altrettanto successo. In più va sottolineato come, in fatto di insetti, si pensi spesso all’“ape operaia”, che certamente si adatta perfettamente al ruolo assunto dal nuovo veicolo a tre ruote.
E quando viene commercializzato il motore fuoribordo per le barche il nome sarà Moscone: la trilogia degli insetti è completata.

Legend would have it that when Enrico Piaggio saw the prototype of Corradino d’Ascanio’s scooter for the first time, he exclaimed “It looks like a wasp!”. In fact, the thin waist between the two rounded shapes at the front and rear might well remind one of the insect in question. The fact remains that the name stuck and has been successful, as has the vehicle that was to bear it.
It was just a short step from here to calling the next vehicle the Ape [Bee in Italian] and the choice was equally successful. In addition, it is worth noting, that when it comes to insects, one often thinks of the “worker bee”, which certainly fits perfectly with the role played by the new three-wheeled vehicle.
When an outboard motor for boats was put on sale, the insect trilogy was complete when they called it the Moscone [large fly].

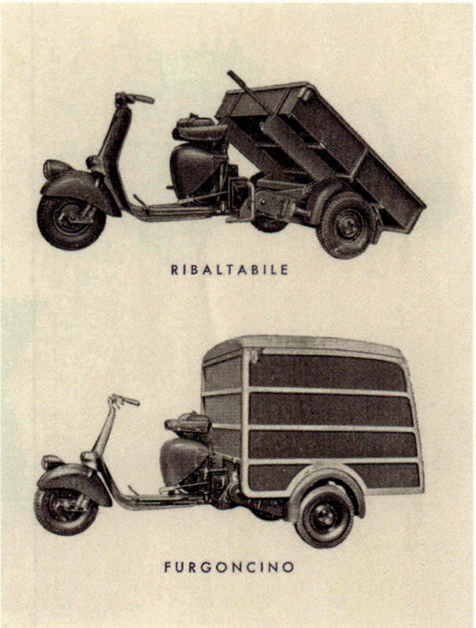

It was no coincidence that the following year Innocenti brought out its Lambretta scooter-van with a cargo bed fitted at the front. And it was not to be the only one. Once the preliminary layout had been defined, from April 1946 onwards, the tracing paper on the drawing board gave way to parts made by the Experimental Department in Pontedera and by July the first prototype was already available for inspection and ready for road tests. Experimentation continued over the following months and in November 1946, the new three-wheeler was ready to make its debut, taking pride of place on the Piaggio stand at the Milan Triennale.
It received a rather lukewarm reception from visitors, as had the first Vespa, the 98. The general public had only just started getting used to the concept of a "small two-wheeled car" (as Piaggio's advertisement slogan ran), and people were not yet quite ready for a vehicle like this and did not really know what to make of it. Nonetheless, Enrico Piaggio firmly believed in the project and pushed on to start manufacturing the production model. The name Ape [Bee in Italian and pronounced Ah-pey, N.T.] had already been chosen and appeared on the leg-shield. In April 1947, the first 20 machines were delivered and on May 20th the three-wheeler appeared on the cover of the specialist magazines billed as the latest new thing. In June the now almost definitive version was presented at the second show, which took place in Milan again, but at the new Fiera Campionaria or Trade Fair grounds. This was to be just the beginning of a formidable career.

L'Ape e la "Lapa"
The Ape and the "Lapa"

UN VEICOLO NELLA TRADIZIONE

L'APE AL POSTO DEL PITTORESCO E TRADIZIONALE CARRETTO SICILIANO UN COMPROMESSO PIENO DI SIGNIFICATO.

DI TUTTO UN PO'

Ape in italiano, "Lapa" in siciliano. È così che viene denominato il tre ruote Piaggio nella Trinacria, dove riscuote un particolare successo tanto da farlo diventare il diretto erede del famoso carretto siciliano. E infatti viene qui rivisto con vistose e pittoresche colorazioni su tutte le superfici con un fantastico effetto cromatico, ricco di fascino e di tradizione.

Ape in Italian, "Lapa" in Sicilian. Lapa was the name given to the Piaggio three-wheeler in Sicily, where it was so successful that it became the direct heir of the famous Sicilian cart. And in fact, it was given a completely new look in Sicily, with brash, picturesque colours on every surface resulting in fantastic chromatic effects, rich in charm and tradition.

Corradino d'Ascanio: una vita per il volo

Il celebre progettista nasce a Popoli (Pescara) nel 1891. Nel 1914 si laurea in ingegneria meccanica al Politecnico di Torino e subito dopo si arruola come volontario nel battaglione aviatori dove si occupa del collaudo dei motori. Allo scoppio del Primo conflitto mondiale si trova al fronte, assegnato alla manutenzione delle squadre di volo.
Nel 1916 l'ingegnere entra nell'ufficio tecnico della Pomilio, una società di costruzioni aeronautiche. Nel 1918 si trasferisce negli Stati Uniti, a Indianapolis, per conto della Pomilio Brothers; un'esperienza che dura un solo anno.
Nel 1919 fonda a Popoli uno studio tecnico dove realizza numerosi brevetti che spaziano dalle opere pubbliche ai forni per il pane, dall'ingegneria civile alle schede perforate.
Nel 1925 fonda una nuova società con il barone Trojani dove finalmente riesce a concretizzare il suo grande sogno di realizzare un elicottero. Negli anni successivi vengono costruiti tre prototipi, siglati D'AT 1-2-3 (la sigla sta per D'Ascanio-Trojani). I primi due servono per acquisire sufficiente esperienza; con il terzo prototipo, nel 1930, si festeggia all'aeroporto romano di Ciampino il successo. Purtroppo non si avvia la prevista fornitura commerciale e il progetto si chiude.
Nel 1932 d'Ascanio inizia una proficua consulenza tecnica con la Piaggio e negli anni seguenti riprende il progetto di un elicottero per conto del Ministero dell'Aeronautica.
Nel 1942 vengono effettuati dei test con l'elicottero siglato PD3, che proseguono con il successivo PD4.
I risultati sono incoraggianti ma a questo punto l'ingegner d'Ascanio deve arrendersi davanti ad un'evidenza che mai avrebbe immaginato: la Vespa, da lui stesso progettata e commercializzata a partire dal 1946, sta riscuotendo un enorme successo. Ed è lo stesso Enrico Piaggio a far convergere sul nuovo scooter tutte le risorse.

L'ing. Corradino d'Ascanio accanto alla milionesima Vespa (1956).

Ing. Corradino d'Ascanio standing next to the millionth Vespa (1956).

A fianco, il prototipo PD4, con due rotori controrotanti. Più sofisticato dell'aereo, l'elicottero rappresenta un progetto molto stimolante per un tecnico di alto livello come l'ingegner d'Ascanio. Ma nel Dopoguerra la Piaggio decide di dirottare le risorse sulla mobilità individuale.

Right, the PD4 prototype with two counter-rotating rotors. More sophisticated than an aeroplane, the helicopter was an extremely interesting project for an engineer of d'Ascanio's quality. However, in the post-war period Piaggio decided to direct its resources to personal transport.

Corradino d'Ascanio: a life for flight

The celebrated designer was born in Popoli (Pescara, Abruzzo) in 1891.
In 1914, he graduated in mechanical engineering from the Polytechnic of Turin and immediately afterwards enrolled as a volunteer in the Aviators' Battalion where he was responsible for engine testing. When the First World War broke out, d'Ascanio was sent to the front, assigned to squadron maintenance duties.
In 1916, he joined the technical office of Pomilio, an aeronautical manufacturing company. In 1918, he moved to the United States, to Indianapolis, on behalf of Pomilio Brothers; an experience that lasted only a year.
In 1919, he opened a technical consultancy in Popoli where he took out numerous patents ranging from public works to bread ovens, from civil engineering to perforated cards.
In 1925, he founded a new company with Baron Trojani where he finally managed to realize his great dream of constructing a helicopter. Over the next few years, three prototypes were built, called D'AT 1-2-3 (the acronym standing for D'Ascanio-Trojani). The first two were used to acquire adequate experience, while in 1930, the success of the third prototype was celebrated at Ciampino airport in Rome. Unfortunately, the anticipated number of orders was not forthcoming and the project came to an end.
In 1932, d'Ascanio began profitable technical consultancy work with Piaggio and over the following years revived the helicopter project on behalf of the Ministry of Aeronautics.
In 1942, tests were carried out on the PD3 helicopter, which continued with the PD4 that followed. Results were encouraging, but at this point d'Ascanio had to give up when confronted with a situation that he could never have imagined. The Vespa, which he himself had designed and marketed from 1946, was proving to be a huge success. And it was Enrico Piaggio himself who diverted all the available resources to the new scooter.

I primi test confermano la bontà del progetto.

Early tests confirmed the validity of the project.

A fianco, l'ingegner d'Ascanio, secondo da destra, assiste con soddisfazione ai primi collaudi. L'idea di accantonare i progetti sugli elicotteri per dedicarsi alla futura Vespa non lo entusiasma per nulla. Oltretutto non ha mai progettato una moto. Ma buona parte del successo della Vespa – e dell'Ape – sta proprio qui.

Left, a satisfied ingegner d'Ascanio, second from the right, supervises the first tests. The idea of putting the helicopter projects to one side and devoting himself to the future Vespa was not at all to his liking. Apart from anything else, he had never designed a motorcycle before. He was nonetheless responsible for most of the Vespa's and the Ape's success.

L'Ape per Corradino d'Ascanio

«Si trattava di colmare una lacuna nei mezzi di locomozione utilitaria del Dopoguerra, portare sul mercato un motofurgone di piccola cilindrata, di limitato consumo e di modesto prezzo d'acquisto e di manutenzione, facile alla guida, manovrabile nel più intenso traffico cittadino e soprattutto adatto e sollecito, e pronto, al trasporto a domicilio della merce acquistata nei negozi. Nelle principali città d'Italia si vanno di giorno in giorno moltiplicando questi caratteristici veicoli a tre ruote che non soltanto assolvono il loro compito di trasportare la merce dai magazzini alle dimore dei clienti ma svolgono una ben visibile ed efficace pubblicità per le ditte che li hanno adottati. Si ritorna, seppure lentamente e gradualmente, alla vita comoda e la clientela non vuole più assoggettarsi a uscire dai negozi con le braccia cariche di pacchi, ma oggi preferisce logicamente dare al venditore il proprio indirizzo di casa e raccomandare che la merce acquistata gli sia inviata con sollecitudine dallo stesso negozio.
Inoltre il servizio a domicilio presuppone una frequenza di viaggi dalle zone centrali a quelle periferiche della città, e l'esercente non può pretendere dal fattorino uno sforzo fisico ininterrotto per tutta la giornata del servizio. Inoltre il tempo diventa ognor più prezioso e quello che si risparmia in carburante ed in manutenzione di un motofurgone Ape lo si perde nelle ore che impiega un fattorino nel portarsi al domicilio del cliente a piedi o in bicicletta. I mezzi collettivi di trasporto, tram o autobus, si fanno detestare per il loro inguaribile disservizio e per quell'ormai cronico affollamento che mette a repentaglio la merce da trasportare».

L'ingegner Corradino d'Ascanio accanto a un soddisfatto vespista. Né il grande tecnico né Enrico Piaggio si sarebbero potuti immaginare lo straordinario successo del loro veicolo. Da questo punto di vista l'Ape nasce sulle spalle della Vespa, non deve più affrontare le perplessità degli utenti. E sarà un'altra storia di successo.

Ingegner Corradino d'Ascanio standing next to a happy Vespa rider. Neither he nor Enrico Piaggio could have imagined just how successful their vehicle would be. From this point of view, the Ape exploited the success of the Vespa and did not have to overcome users' prejudices. And it was to be another great success story.

The Ape according to Corradino d'Ascanio

Il progetto non potrebbe essere concettualmente più semplice: davanti c'è la Vespa, dietro il cassone può assumere diverse configurazioni a seconda delle necessità.

The project could hardly be simpler: at the front there's a Vespa, while at the back the cargo bed can take on diverse configurations as required.

"We had to fill a gap in the field of utility transport vehicles in the post-war period, bringing to the market a small displacement three-wheeler van, with low fuel consumption, a modest purchase price, easy to maintain and drive, manoeuvrable in the heaviest urban traffic and above all suitable and ready for the delivery of goods purchased in the shops. In the most important Italian cities, these distinctive three-wheeled vehicles are increasing in numbers from one day to the next, not only successfully carrying out their task of transporting goods from stores to customers' homes, but also providing clear, visible and effective advertising for the companies that have decided to use them. Albeit slowly and gradually, the people of Italy are becoming accustomed to a comfortable lifestyle again and customers no longer want to leave shops laden with parcels, but logically prefer to give the seller their home address and have the goods that they have purchased sent to them promptly from the shop. Furthermore, a home delivery service presupposes a large number of trips from the central areas to the outskirts of the city being made and the shopkeeper can hardly expect a deliveryman to keep up uninterrupted strenuous physical effort throughout the working day. In addition, time is becoming ever more valuable and what is saved in fuel and maintenance with an Ape van would be lost in the hours it would take a deliver man to reach the customer' s home on foot or by bicycle. Public transport such as trams or buses, are detested for their unreliable service and the now chronic overcrowding that puts the goods to be transported at risk."

Sopra e nella pagina a fianco, altra "Comunicazione" ufficiale Piaggio di quegli anni.

Above and on the next page, another official Piaggio "Press Release" from that time.

ANNI '40

Il modello in produzione è uno solo, siglato A. La cilindrata è di 125 cc. Si presenta con la configurazione principale in perfetta corrispondenza con quella della Vespa 125 prodotta nello stesso periodo, anche dal punto di vista estetico: manca del tutto la cabina. Il fanale si trova posizionato sul parafango anteriore, la sospensione anteriore è posizionata sul lato sinistro. Le prestazioni sono contenute: la potenza massima è di 4 CV, la portata del cassone è di 200 kg. La velocità massima è di 40 km/h. Il modello A 125 viene realizzato in quindici serie: da A1 a A15, con piccole varianti costruttive.

Tra queste: i carter catena passano dalla lamiera alla fusione di alluminio, le ruote del cassone vengono dotate di parafanghi, il differenziale viene migliorato. Il prezzo è di 260.000 lire.

A partire dal 1948 è commercializzata la versione Giardinetta, adatta anche per il trasporto di due passeggeri.

"Il motofurgone del nostro tempo"
"A van for our times"

(dalla rivista "Piaggio" n. 2, febbraio 1949)

«È il caso di dire che un successo tira l'altro o meglio genera l'altro. Difatti il motofurgone Ape viene generato dalla Vespa e di questa macchina conserva nella sua struttura a tre ruote le caratteristiche fondamentali. L'Ape contribuisce ad accelerare il ritmo del commercio e delle vendite, sviluppa per così dire in estensione il traffico di un negozio e crea col cliente un collegamento quanto mai gradito. I motofurgoni Ape si vanno diffondendo con un crescendo quanto mai lusinghiero e si verifica ormai in tutte le città d'Italia un benefico contagio di questo indovinato veicolo a tre ruote».

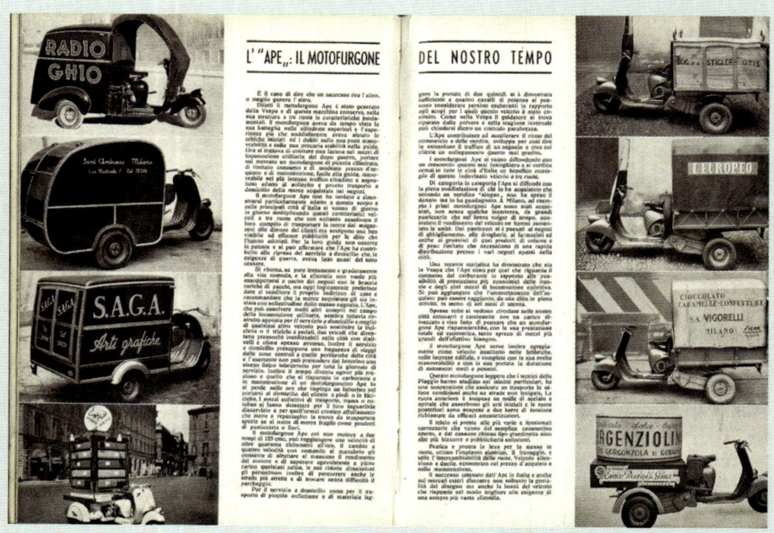

La presentazione sulla rivista Piaggio del 1949.

The vehicle's presentation in the Piaggio magazine in 1949.

(from the magazine "Piaggio" no. 2, February 1949)

"It has to be said that one success follows another or rather causes another. In fact, the Ape commercial vehicle was developed from the Vespa and retains its basic features in a three-wheeled configuration. The Ape is doing its part to generate an increase in business and sales, helping shops to extend their catchment area and create a connection with their customers which was very much appreciated. The use of Ape three-wheelers is becoming increasingly widespread and there is a positive epidemic of these canny three-wheeled vehicles and every city in Italy."

THE '40s

Only one model in production, the A, with a displacement of 125 cc. The principal configuration mirrored the Vespa 125 produced in the same period, from a stylistic point of view as well: there was no sign of a driver's cab. The headlight was mounted on the front mudguard, the front suspension was located on the right-hand side. Performance was modest: the maximum power output of 4 hp permitted a loading capacity of 200 kg. Top speed was 40 kph.
The A 125 model was produced in 15 series: from A1 to A15 with minor differences in specification.
These included: the chain case was originally made in sheet steel and was later cast in aluminium, the wheels of the cargo bed were fitted with mudguards, the differential was improved. The list price was 260,000 Lire.
The Giardinetta version was available from 1948 onwards and was suitable for carrying two passengers.

"Un veicolo up to date"
"An up to date vehicle"

(dalla rivista "Piaggio" n. 3, marzo 1949)

«Il nuovo veicolo, ideato per un duplice impiego, cioè per il trasporto confortevole di persone e per quello pratico di materiale, riflette nel campo del motociclismo utilitario la tendenza già vastamente affermatasi col perdurare della crisi dei trasporti in campo automobilistico.
La Giardinetta è munita di una ampia capote che, in caso di pioggia o di clima rigido, chiude completamente la carrozzeria e mette al completo riparo passeggeri e guidatore, quest'ultimo viene anche protetto da un ampio parabrezza in plexiglas.
Sulle spiagge, nei luoghi di villeggiatura, per coprire le distanze che dividono il centro delle città dalla periferia dove sorgono agglomerati di ville, per i servizi pubblici in località turistiche dove occorra la più ampia visibilità quali mezzi ausiliari nei cantieri, nei porti, la Giardinetta Ape può essere indicata come il veicolo ideale che meglio di ogni altro risolve i problemi di un trasporto rapido, economico e regolare di persone e di cose».

(from the magazine "Piaggio" no. 3, March 1949)

"The new vehicle, intended for dual-purpose use, that is, to carry people in comfort as well as goods, reflects in the field of utility the a widely prevalent trend that has been seen with the continuing crisis in the car industry.
The Giardinetta is equipped with a large hood that, in the case of rain or cold weather, closes off the bodywork and completely protects the passengers and the driver, with the latter having the added protection of a large Plexiglas windscreen.
On the beaches, in tourist resorts, as a means of travelling between the town centre and the outskirts where residential areas have sprung up, for public services in tourist areas where a high degree of visibility is needed, when they are used as back up vehicles on building sites and in ports, the Ape Giardinetta can be considered to be the ideal choice of vehicle, and is better than any other in providing a rapid and cheap means of transporting people and goods."

ANNI '50

Solo le prime due serie, siglate A e B, hanno la spartana configurazione della Vespa con il cassone posteriore. A partire dalla serie C l'Ape verrà dotato di cabina.

Only the first two series, designated A and B, had the basic configuration of a Vespa with a cargo bed fixed to the rear. From the C series onwards, the Ape was fitted with a cab.

Il modello A viene sostituito dal modello B, praticamente invariato dal punto di vista estetico: manca ancora la cabina, il fanale rimane posizionato sul parafango anteriore. Esteticamente cambia solo la posizione della sospensione anteriore, ora spostata sulla destra (dalla serie B2). La cilindrata aumenta a 150 cc e salgono le prestazioni: la potenza massima cresce da 4 CV a 5 CV, la portata sale da 200 a 250 kg. La velocità massima passa da 40 a 45 km/h. Migliorano anche alcuni componenti: l'impianto elettrico, il fanale, lo scarico, i freni e la sospensione posteriore.
Il modello B 150 viene realizzato in quattro serie: B1, B2, B3 e B4. Tra loro, piccole differenze: la serie B1 ha la sospensione della ruota anteriore posta sul lato sinistro, le serie successive hanno la sospensione spostata a destra. Il prezzo è di 275.000 lire. La versione Giardinetta nel modello B prende il nome di Calessino.
A metà della decade il modello B viene sostituito dal modello C, di pari cilindrata. Rispetto ai modelli precedenti si riconosce subito: è dotato di una cabina, che forma una struttura unica con il frontale. Non appare più lo scooter ma si è in presenza di un vero e proprio furgone. Il parabrezza è formato da tre pezzi: piano al centro e curvo sui lati. Il fanale è ancora posizionato sul parafango anteriore. La potenza massima aumenta da 5 a 5,5 CV, la portata sale a 300 kg. La velocità massima passa a 50 km/h. Il modello C 150 viene realizzato in quattro serie: C1, C2, C3 e C4. Tra loro piccole differenze: la serie C2 ha un bordino sul frontale, la C3 ha gli indicatori di direzione e i fanali posteriori di nuovo disegno, la C4 ha le portiere incernierate anteriormente. Il prezzo varia da 285.000 a 325.000 lire a seconda delle versioni.

Il prototipo taxi
The taxi prototype

Nel 1951 viene sperimentato un modello speciale, denominato Ape-taxi. Come si può immaginare è rivolto al solo trasporto di persone ed è caratterizzato da alcuni interessanti elementi tecnici e stilistici. Innanzitutto la cabina per i passeggeri ha un tetto rigido, con ampie finestrature laterali e un lunotto posteriore. Il frontale ha un doppio fanale, uno centrale e uno posizionato sul parafango anteriore. Al di sotto del parabrezza è applicata una mascherina a sviluppo orizzontale per abbellire il frontale stesso. All'interno c'è spazio sufficiente per due persone e relativi bagagli. Un mezzo interessante che però rimane a livello di prototipo.

In 1951, a special model, the Ape-taxi, was trialled. As may be imagined, it was intended solely for carrying passengers and boasted some interesting technical and stylistic innovations. Above all, the passenger compartment had a hard top with large side windows and a rear screen. The front panel had twin headlights, one in the middle and one on the front mudguard. Beneath the windscreen, a horizontal grille was fitted to make the front panel more attractive. Inside, there was enough room for two people and their luggage. It was an interesting vehicle but never went beyond the prototype stage.

Alla versione Calessino arrise fin da subito un enorme successo.

The Calessino version was enormously successful from the outset.

THE '50s

The B model replaced the A model, although from the stylist point of view it remained virtually unchanged: there was still no cab and the headlight was still mounted on the front mudguard. In terms of appearance, the only change was that the front suspension was moved to the left-hand side (from B2 series). The displacement was increased to 150 cc and performance improved: the maximum power rose from 4 hp to 5 hp, and the payload increased from 200 to 250 kg. The top speed went from 40 to 45 kph. Certain components were also improved: the electrical system, the headlight, the exhaust, the brakes and the rear suspension. The B 150 was available in four series: B1, B2, B3 and B4. There were small differences between each series: the B1 had the front suspension on the left-hand side of the wheel, subsequent series had the suspension on the right. The list price was 275,000 Lire. The Giardinetta version of the model B was called the Calessino. Five years later, the model B was replaced by the model C, with the same displacement. Compared to the previous models it was immediately recognizable: it was fitted with a cab, which was integral with the front panel. It no longer a looked like scooter and now had the appearance of a true van. The windscreen consisted of three parts: flat in the middle and curved at the sides. The headlight was still mounted on the front mudguard. Maximum power increased from 5 hp to 5.5 hp, and the payload increased to 300 kg. The top speed went up to 50 kph. The C 150 model was available in four series: C1, C2, C3 and C4. There were small differences between each series.

ANNI '60

Prosegue la sua lunga carriera il C 150, affiancato ora da un nuovo modello denominato Pentarò e dotato di 5 ruote (3 più 2 del rimorchio), lungo quasi 5 metri. Il Pentarò nasce con la cilindrata di 150 cc ed è caratterizzato esteticamente dal fanale di forma tonda posto sul parafango anteriore, come nel modello C. A metà della decade il Pentarò 150 viene sostituito dal più potente Pentarò 175 che si distingue esteticamente per la posizione del fanale, ora collocato al centro del frontale e con la sagoma trapezoidale.
Il Pentarò 150 viene realizzato in due serie: A1 e B1, con minime varianti costruttive.
Il Pentarò 175 viene realizzato in due serie: C1 e C2, anch'esso con minime varianti costruttive.
Sempre a metà degli anni Sessanta vengono commercializzati tre nuovi modelli che sostituiscono il C 150. Hanno le cilindrate di 125, 150 e 175 cc e sono siglati rispettivamente E (125 e 150) e D (175).
L'estetica è nuova, con il fanale che è ora posizionato al centro del frontale. Il parabrezza è in un pezzo unico, curvo. I parafanghi posteriori sono più slanciati. Altra novità: la miscela ora è al 2%, con un netto miglioramento in fatto di incrostazioni. A seconda delle cilindrate cambia la potenza del motore e di conseguenza la portata. Il modello 125 E ha una potenza massima di 4 CV e una portata di 350 kg. Il modello

Non sono solo i piccoli artigiani a beneficiare dell'Ape. Si rivolgono al tre ruote della Piaggio anche importanti aziende nazionali, come nel caso delle Poste Italiane.

It was not just tradesmen who would use the Ape. Many major national companies, like the Italian Postal Service, started using Piaggio's three-wheeler.

Didascalia italiana

Didascalia inglese

UN PAGINONE SUI VEICOLI APPOGGIO, I VEICOLI CHE VI AIUTANO A GUADAGNARE

THE '60s

The C150 continued its long career, alongside a new model called the Pentarò fitted with 5 wheels (3 + 2 on the trailer) with an overall length of 5 metres. The Pentarò started life with a displacement of 150 cc and was characterised by the round headlight located on the front mudguard, as in the model C. Mid-way through the decade, the Pentarò 150 was replaced by the more powerful Pentarò 175, which was distinguished by the position and form of the headlight, now mounted in the middle of the front panel and trapezoidal in shape.
The Pentarò 150 was produced in two series: A1 and B1 with minor constructional differences.
The Pentarò 175 was produced in two series: C1 and C2, which also had very minor differences.
Still in the mid-1960s, three new models were launched to replace the C 150. They had displacements of 125, 150 and 175 cc and were given the names E (125 and 150) and D (175) respectively.
The styling was new, with the headlight now located in the middle of the front panel. It had a one-piece, curved windscreen. The rear mudguards were narrower. Another new feature: the two-stroke engine now ran a 2% mixture, with a marked improvement in terms of carbon deposits. According to the displacement,

Il Pentarò fa caso a sé: ha cinque ruote e consente carichi eccezionali. Grazie al rimorchio può sfidare mezzi di maggiori dimensioni (e costi). E poi... è perfetto per la consegna della Vespa ai concessionari!

The Pentarò was a case apart: it had five wheels and could carry exceptionally heavy loads. Thanks to its trailer, it could challenge much larger (and more expensive) vehicles. And what's more... it was perfect for delivering Vespas to dealers!

Negli anni Sessanta l'Ape viene offerto in più versioni per ampliare la sua versatilità. Cambiano le cilindrate, quindi aumentano le potenze del motore e le portate.

In the Sixties, the Ape was available in various different versions expanding its versatility. The displacement changed, thereby increasing engine power and load-carrying capacity.

150 E ha una potenza massima di 5 CV e una portata di 400 Kg. Il modello 175 D ha una potenza massima di 7 CV e una portata da 450 a 500 kga seconda delle versioni. Il modello E 125 viene realizzato in due serie: E1 e E2. Tra loro piccole differenze: la E2 ha una cabina rinnovata ed un nuovo parafango anteriore.
Il modello E 150 viene realizzato in due serie: E1 e E2. Anche qui piccole differenze: la E2 ha una cabina rinnovata ed un nuovo parafango anteriore.
Il modello D 175 viene realizzato in due serie: D1 e D2. Stesse modifiche delle serie precedenti: la D2 ha una cabina rinnovata ed un nuovo parafango anteriore.

L'Ape è ormai diventato insostituibile, non ha alcun concorrente capace di contrastare il suo successo.

The Ape was by now irreplaceable, and no other rival could compete with its success.

the power of the engines and consequently the payload varied. The 125 E model had a maximum power output of 4 hp and a payload of 350 kg. The 150 E model had a maximum power output of 5 hp and a payload of 400 kg. The 175 D model had a maximum power output of 7 hp and a payload between 450 and 500 kg according to the model.
The E 125 was produced in two series: E1 and E2 with only minor differences between them: the E2 had an updated cab and new front mudguard.
The E 150 was produced in two series: E1 and E2. Here again there were minor differences between them: the E2 had an updated cab and new front mudguard.
The D 175 was produced in two series: D1 and D2. The changes were the same as those on the previous series: the D2 had an updated cab and new front mudguard.

L'Ape e le Olimpiadi
The Ape and the Olympic Games

In occasione della XVII Olimpiade, che si svolge a Roma nel 1960, la Piaggio realizza una cinquantina di esemplari di Ape dedicati al trasporto interno del Villaggio Olimpico. Si tratta del modello C 150, allestito in versione Calessino, con due portiere sui lati per facilitare l'accesso al sedile posteriore.
La carrozzeria è completata da una capote in tela, ripiegata sulla sponda posteriore. Il frontale è caratterizzato da un logo dedicato, con i cinque cerchi olimpici sovrastati dalla Lupa Capitolina.

To celebrate the 17th Olympic Games, which took place in Rome in 1960, Piaggio produced around 50 examples of the Ape to provide transport around the Olympic Village. This was the C 150 model, in a version that looked like a horse-drawn carriage, with two doors at the sides to improve access to the rear seat. The bodywork was completed with a canvas roof, folded down at the rear. The front panel featured a logo created for the occasion, featuring the five Olympic circles with the she-wolf of Rome above them.

L'Ape diventa più moderno, con linee più tese e meno arrotondate. E le prestazioni aumentano ulteriormente.

The Ape became more modern with tauter, less rounded lines. Performance was further improved.

ANNI '70

All'inizio della decade escono di produzione i modelli E 150 e D 175, sostituiti da due nuovi modelli più potenti, con le cilindrate di 175 e 190 cc e siglati rispettivamente E e MP. Il modello E 175 si rinnova esteticamente con una nuova mascherina verticale con il fanale incorporato e un nuovo parafango anteriore più slanciato. La portata è di 400 kg. Alla fine della decade viene sostituito dal modello P 175 di pari potenza e portata.

Le prestazioni aumentano invece decisamente con il modello MP190, che ha una potenza massima di 9,5 CV e una portata variabile da 500 a 600 kg a seconda delle versioni. La sigla sta per "Motore Posteriore", un'importante innovazione introdotta per innalzare il comfort in cabina e rendere più stabile il mezzo.

Il modello E 175 è realizzato nella sola serie E3. Il modello P 175 è invece realizzato nella sola serie E3. Ha il parafango anteriore e gli indicatori di direzione di nuovo disegno.

Il modello MP 190 viene realizzato in quattro serie: R1, A1, M1 e V1. La serie R1 ha il pianale normale, la A1 ha il pianale allungato, la M1 ha disponibili entrambi i pianali e i comandi al manubrio, la V1 ha disponibili entrambi i pianali e i comandi al volante. Viene commercializzato per un periodo brevissimo (solo tre anni) il modello M, con la cilindrata di 125 cc e una portata di 250 kg. La configurazione è identica a quella

THE '70s

Tra le varie innovazioni spicca il comando del volante in alternativa al classico manubrio.

Among the various new features, the availability of a steering wheel in place of the usual handlebar was one of the most significant.

In the early '70s, the E 150 and D 175 models were discontinued and replaced by two new and more powerful models with displacements of 175 and 190 cc, called the E and MP respectively. The E 175 model had been given a facelift with a new vertical grille with a built-in headlight and a new slimmer front mudguard. The payload was 400 kg. At the end of the decade it was replaced by the P 175 model with the same power output and payload.

The power output rose sharply with the introduction of the MP190 model, which developed 9.5 hp and had a payload of between 500 and 600 kg according to the version. The initials in the name stood for "Motore Posteriore" (rear engine), an important innovation that increased the level of comfort in the cab and made the vehicle more stable.

The E 175 model was only produced in one series, the E3, while the P 175 was only produced in the E3 series. It had a newly designed front mudguard and direction indicators.

The MP 190 model was available in four series: R1, A1, M1 and V1. The R1 series had a normal cargo bed, the A1 had an extended bed, the M1 had both types of cargo bed and handlebar controls, the V1 had both cargo bed types and steering wheel controls.

del modello da 50 cc, commercializzato a partire dal 1969. Viene realizzato in un'unica serie, siglata M1.

Ed è proprio il modello 50 quello che rappresenta la novità più importante: ha costi di acquisto e utilizzo particolarmente contenuti e diventa ben presto insostituibile per una parte di utenza che avrebbe trovato eccessivi i costi e le prestazioni dei fratelli maggiori. La potenza massima è di 1,5 CV, la portata è di 200 Kg.

Un'altra grande novità è poi rappresentata dal modello Ape Car 220, una vera rivoluzione sia in Casa Piaggio sia nel settore dei motofurgoni: per la prima volta la cabina avvolge completamente la ruota anteriore. La potenza massima è di 10,5 CV, la portata è variabile da 550 a 600 kga seconda delle versioni. L'Apecar viene realizzato in quattro serie: F1, F2, F3 e F4. La serie F3 ha il cambio rinforzato, la serie F4 ha piccole modifiche al motore. La serie F2 è dedicata all'Olanda. In più viene realizzata anche la serie F5 del reparto Elaborazioni Esterne.

Un vero colpo di scena con l'Apecar dalla linea è modernissima.

The modern lines of the Apecar made its appearance on the market truly spectacular.

L'Apecar riscuote fin dall'inizio un enorme successo commerciale.

From the very start, the Apecar was an enormous commercial success.

The M model was produced for a very short period (just three years), with a displacement of 125 cc and a payload of 250 kg. The configuration was exactly the same as that of the 50 cc model, which had been on the market since 1969. It was produced in only one series, known as the M1.
It was the 50 model that offered the most important new features: it was particularly inexpensive to buy and maintain and it quickly became irreplaceable for a large group of users who would have found its larger brethren too expensive to run and too powerful for their needs. The maximum power output was 1.5 hp and the payload was 200 kg.
Another important innovation was the Ape Car 220, a real revolution both for the Piaggio brand and the world of three-wheeled vans: for the first time the cab covered the front wheel completely. The maximum power output was 10.5 hp, the payload varied between 500 and 600 kg according to the version.
The Apecar was produced in four series: F1, F2, F3 and F4. The F3 series had a reinforced gearbox, the F4 series had minor changes to the engine. The F2 series was specially made for Holland. In addition, the F5 series was also produced by the Elaborazioni Esterne department.

L'Ape e le automobili
The Ape and cars

All'inizio della decade si fa sempre più pressante la concorrenza dell'automobile. Per arginare l'affermazione delle quattro ruote la Piaggio reagisce mettendo in produzione l'Ape Car, un veicolo a metà strada tra i classici modelli di Ape e le automobili: la cabina è integrata e il nome "car" (automobile, in inglese) la dice lunga sulle intenzioni del marchio di Pontedera.

Early in the decade, competition from cars was becoming increasingly fierce. To keep the rise in popularity of four-wheeled vehicles at bay, Piaggio reacted by putting the Ape Car into production, a vehicle halfway between the classic Ape models and cars: it had an integral cab and the name "car" in English was a clear indication of what the Pontedera brand was aiming to do.

ANNI '80

Prosegue per tutta la decade la fortunata carriera dell'Ape Car 220.
Escono di scena i due modelli E 175 e MP 190, sostituiti da due nuovi con le cilindrate di 190 e 220 cc, entrambi siglati P. Esteticamente si riconoscono perché ora la mascherina ha uno sviluppo orizzontale, nella misura del parafango anteriore, sempre con il fanale incorporato. Il parafango ha una linea decisamente squadrata, con il profilo anteriore a fascia dritta. Il modello P 190 ha una potenza massima di 9,5 CV e una portata variabile da 500 a 600 kg a seconda delle versioni. Il modello P 220 ha una potenza massima di 10,5 CV e una portata di 600 kg.
Il modello P 190 viene realizzato in tre serie: R2, M1 e V1. La serie R2 ha il frontale con un faro singolo, la M1 ha il fanale sdoppiato e i comandi al manubrio, la V1 ha il fanale sdoppiato e i comandi al volante.
Il modello P 220 è realizzato in due serie: M2 e V2. La serie M2 ha i comandi al manubrio, la V2 ha i comandi al volante.
Con la cilindrata di 220 cc nasce anche il nuovo modello TM, completamente rinnovato dal punto di vista estetico. La sigla sta per "Trasporto Multiplo". Il nuovo look *nasce* dalla matita di Giorgetto Giugiaro, notissimo designer autore di tanti capolavori nel mondo automobilistico: un passo significativo che sottolinea l'importanza rivolta dalla Casa madre al tre ruote di famiglia. La cabina ora è squadrata, il parafango anteriore

Tante novità: si evolvono sia i motori sia il look. Per i primi si apre l'alternativa al Diesel, per l'estetica interviene nientemeno che il grande designer Giugiaro. E, molto in anticipo per i tempi, c'è anche la versione elettrica.

Lots of new products: both the engines and the styling of the Ape continued to evolve. First of all Diesel-engined alternatives became available while none other than the great designer Giugiaro worked on the vehicles' styling. Well ahead of its time, there was also an electric version.

THE '80s

The successful career of the Ape Car 220 continued throughout the decade. The two E 175 and MP 190 models left the stage, and were replaced by two new models with displacements of 190 and 220 cc, both given the P denomination. They were distinguishable by the horizontal grille, the size of the front mudguard, which still carried the front headlight. The mudguard had a very square shape, with a straight front profile. The P 190 model had a maximum power output of 9.5 hp and a payload between 500 and 600 kg according to the model. The P 220 model had a maximum power output of 10.5 hp and a payload of 600 kg.
The P 190 model was available in three series: R2, M1 and V1. The R2 series had a front panel with a single headlight, the M1 had twin headlights and handlebar controls, the V1 had twin headlights and steering wheel controls.
The P 220 was available in two series: M2 and V2. The M2 series had handlebar controls, the V2 had steering wheel controls.
With a displacement of 220 cc, the new TM model was also introduced with completely updated styling. The initials stood for "Trasporto Multiplo" [multiple transport]. The new look was penned by Giorgetto Giugiaro, the celebrated designer and creator of numerous masterpieces in the automotive world: a significant step that emphasized the importance given by the parent company to the three-wheeled family. The cab was now square-cut, the front mudguard was flat, the windscreen was flat, the grille occupied the whole width of the front panel with the headlights built into it. The maximum power output was 10.5 hp, and the payload was 600 Kg.
The TM model was produced in two series: M1 and M2. The M1 series had a payload of 600 kg, the M2 had a payload of 700 kg. The M2 series was also available in two versions: the M had handlebar controls, the V had steering wheel controls. In addition, there was the M3 series, from the Elaborazioni

L'Apecar prosegue la sua carriera di successo anche negli anni Ottanta.

The Apecar continued to enjoy enormous popularity throughout the Eighties.

è piatto, il parabrezza è piano, la mascherina ha uno sviluppo a tutta larghezza e comprende i fanali. La potenza massima è di 10,5 CV, la portata è di 600 kg.
Il modello TM viene realizzato in due serie: M1 e M2. La serie M1 ha una portata di 600 kg, la M2 ha una portata di 700 kg. A sua volta la serie M2 è proposta in due versioni: M con i comandi al manubrio e V con i comandi al volante. A queste si aggiunge la serie M3, del reparto Elaborazioni Esterne, proposta in due versioni: M con i comandi al manubrio e V con i comandi al volante.
Grandi novità per questa decade non solo in fatto di estetica ma anche di motori: nasce la generazione di Ape con propulsori Diesel, offerti in parallelo ai modelli con i propulsori a benzina. I motori a gasolio sono proposti inizialmente sul modello Ape Car 420, che ha una potenza massima di 12 CV e una portata di 700 kg. L'Ape Car 420 viene realizzato nella sola serie D1. A questa si aggiunge la serie D2, del reparto Elaborazioni Esterne.
Verso la fine della decade la gamma si espande con il modello P 420 di pari prestazioni: la potenza massima è di 12 CV, la portata è di 700 kg. Il modello P 420 viene realizzato in due serie, entrambe siglate D1. Le differenze risiedono nei comandi, al manubrio oppure al volante. A queste si aggiunge la serie D2, del reparto Elaborazioni Esterne.
Fa caso a sé il modello Elettrocar, una versione di Ape Car dotata di propulsione elettrica. Una vera sfida tecnica, decisamente in anticipo sui tempi. La portata è di 400 kg. L'Elettrocar viene realizzato in due serie, siglate L1 e L2, con minime varianti costruttive.

Grande innovazione, la versione con motore Diesel per ridurre drasticamente i già ridotti consumi. Sotto, assolutamente ecologica la versione con il motore elettrico, collegato ad una serie di batterie.

A great innovation was the introduction of a Diesel-engined version that drastically reduced fuel consumption. Below, the ecologically impeccable electric-engined version, connected to a series of batteries.

Esterne department, available in two versions: the M with handlebar controls, the V with steering wheel controls.
The greatest innovations during this decade were to be seen in the appearance of the vehicle and in the engines as well: the new generation of Ape vehicles fitted with diesel engines was born, offered alongside the models with petrol engines. Diesel engines were first fitted to the Ape Car 420 model, which had a maximum power output of 12 hp and a payload of 700 kg. The Ape Car 420 was only produced in the D1 series. Added to this was the D2 series, from the Elaborazioni Esterne department.
Towards the end of the decade, the range was expanded to include the P 420 model with the same performance: the maximum power output was 12 hp and the payload was 700 kg. The P 420 was available in two series, both called D1. The differences between were in the controls, either on the handlebars or the steering wheel. In addition, there was the D2 series, from the Elaborazioni Esterne department.
A singular development was the Elettrocar, a version of the Ape Car powered by an electric motor. This was a true technical masterpiece, way ahead of its time. The payload was 400 kg. The Elettrocar was produced in two series, named L1 and L2, with minimal differences between them.

Ape e robot
Ape and robots

Il modello TM è particolarmente significativo nella storia dell'Ape: è il primo che nella fase di assemblaggio e costruzione abbia utilizzato degli impianti robotizzati. In particolare le operazioni svolte dai robot hanno riguardato le fasi di saldatura del cassone e delle sponde.

The TM model is particularly significant in the history of the Ape. It was the first to be assembled and constructed using robotic systems. In particular, the operations carried out by robots involved the welding of the cargo bay and the side panels.

Sale a ben 900 kg la portata del D Max.

The load-carrying capacity of the D Max increased to a mighty 900 kg.

ANNI '90

Resta in produzione il modello P 190 mentre esce di scena il modello P 220. Prosegue la sua carriera il modello TM 220.

Si evolve la gamma dei motori Diesel. Resta sempre in produzione il modello P 420, affiancato ora da una nuova versione denominata D Max, che ha una potenza massima di 12 CV e una portata di ben 900 kg. Il D Max viene realizzato nella sola serie D3, disponibile sia con i comandi al manubrio sia con quelli al volante. A questa si aggiunge la serie D4 del reparto Elaborazioni Esterne.

Nasce l'Ape 50 Cross, dedicato ai giovanissimi e caratterizzato da originali soluzioni tecniche ed estetiche, come il coloratissimo roll bar e l'autoradio di serie.

Da veicolo per il trasporto di merci e mezzo tutto-divertimento. Il nuovo 50 nasce per entusiasmare i giovanissimi.

What started off as a goods vehicle now became a fun car. The new 50 was aimed at younger users.

Con la serie 601 vengono inseriti diversi dispositivi di sicurezza.

The 601 series saw the introduction of a number of safety features.

THE '90s

The P 190 remained in production, while the P 220 was discontinued. The TM 220 model continued to be sold.
The range of diesel-powered vehicles continued to be developed. The P 420 model remained in production, now accompanied by a new version called the D Max, which had a maximum power output of 12 hp and a payload of 900 kg. The D Max was produced in the D3 series only, and it was available with both handlebar and steering wheel controls. In addition, there was the D4 series, from the Elaborazioni Esterne department.
The Ape 50 Cross was born, aimed at younger drivers, with a number very original technical and styling features, such as the colourful roll bar and a car radio fitted as standard.

Poker

A partire dal 1992 la Piaggio affianca all'Ape un modello a quattro ruote, denominato Ape Poker. Si tratta di un mezzo adatto a portate molto elevate (800 Kg) e caratterizzato da una notevole stabilità. Il motore è quello della serie TM.

From 1992 onwards, Piaggio added a four-wheeled model called the Ape Poker to the Ape range. It was a vehicle able to carry very heavy loads (800 kg) and was very stable. The engine was the same as the one used in the TM series.

Sempre più su: l'Ape arriva anche al Quirinale con un esemplare allestito appositamente per il Presidente della Repubblica Giorgio Napolitano.

Ever higher: the Ape made its debut at the Quirinale with a version specially equipped for Giorgio Napolitano, President of the Italian Republic.

ANNI 2000

Il modello TM 220 lascia il posto al nuovo FL 220, con piccoli interventi di *face lifting*. La potenza massima è di 10,5 CV, la portata è di 600 kg.
Ampio spazio viene dato ai motori Diesel che ora equipaggiano il modello TM 420 e il Classic 420. Per entrambi la potenza massima è di 12 CV e la portata è di 800 kg. Il Classic si distingue per l'ampia mascherina che si estende per tutto il frontale. Sempre con la motorizzazione Diesel viene presentato anche il Calessino, dotato della stessa motorizzazione 420. Il *look* del Calessino è ispirato al mondo della nautica: carrozzeria di colore blu con capote e portiere in tela bianche e modanature in listelli di legno lungo le fiancate. Del Calessino 420 viene realizzata nel 2008 anche una versione Presidenziale, caratterizzata dal colore blu scuro esteso alla carrozzeria, alla capote e alle portiere in tela. In più è personalizzata con lo stemma del Quirinale. Viene donato al Presidente della Repubblica Giorgio Napolitano per celebrare i 60 anni della Costituzione.

Il 60° Anniversario
The 60th anniversary

Per festeggiare degnamente i sessant'anni dell'Ape viene realizzato un esemplare unico, basato sul modello 50. In particolare questa versione celebrativa si distingue per la sua vistosa carrozzeria, decorata con un collage di manifesti pubblicitari e foto d'epoca che riprendono immagini dell'Ape nel passato.

To celebrate the 60th anniversary of the Ape, a one-off van based on the 50 model was constructed. In particular, this celebratory model was characterized by its eye-catching bodywork, decorated with a collage of advertising posters and vintage photos that showed pictures of the Ape in the past.

La versione Calessino è capace di affascinare chiunque.

The Calessino version has a universal appeal.

THE 2000s

The new FL 220 took the place of the TM 220 model, with minor face-lifting modifications. The maximum power output was 10.5 hp and the payload was 600 kg. Ample space was given to the diesel engines, which now equipped the TM 420 and Classic 420. For both the maximum power output was 12 hp and the payload was 800 kg. The Classic was noticeable for the large grille that covered the entire front panel.

The Calessino was also fitted with a diesel engine, like the one fitted to the 420. The appearance of the Calessino was inspired by the world of boating: blue bodywork with white canvas hoods and doors and wooden mouldings along the sides. In 2008, a Presidential version of the Calessino 420 was also produced, characterised by the dark blue colour used for the body, the roof and the doors in canvas. In addition, it was personalized with the Quirinale's coat of arms. It was presented to the President of the Italian Republic, Giorgio Napolitano, to celebrate the 60th anniversary of the Italian Constitution.

L'Ape si evolve costantemente e non cessa mai di stupire.

The Ape has continued to evolve and never ceased to amaze.

ANNI 2010

Il modello Classic, con motore Diesel, aumenta la cilindrata a 435 cc. La potenza massima è di 11 CV, la portata è di 700 kg.
La carriera dell'Ape prosegue felicemente, ormai è stabilmente definito un doppio binario. Da un lato ci sono le versioni "lavorative", quelle che consentono il trasporto delle merci nel modo più efficiente possibile. Dall'altro ci sono le versioni "collectible", come il Calessino, che hanno un prezzo rilevante e sono destinate a trovare parcheggio nelle più rinomate località vacanziere.

THE 2010s

The displacement of the Classic model, with a diesel engine, was increased to 435 cc. The unit was good for a power output of 11 hp and a payload of 700 kg. The Ape's career proceeded happily with a dual approach having been adopted. On the one hand were the "working" versions, those permitting the transportation of goods in the most efficient manner possible. On the other were the "collectable" versions such as the Calessino which carried a significant price tag and were destined for the most prestigious tourist resorts.

Ape

LA TECNICA

TECHNOLOGY

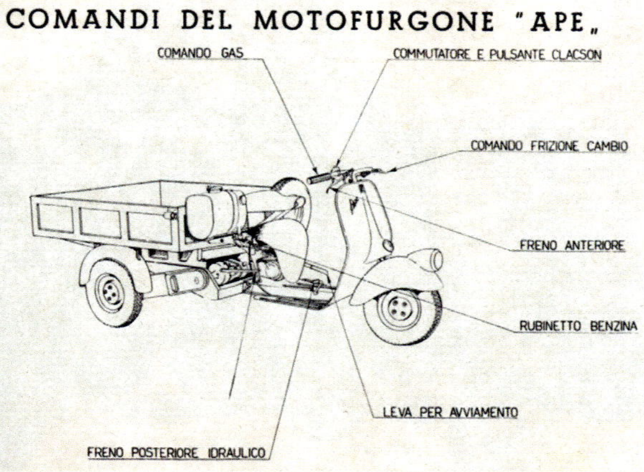

Indistruttibile. È la sintesi che riguarda la meccanica dell'Ape, fin dalla sua nascita sottoposto a carichi gravosi, spesso con portate molto superiori a quelle previste. L'affidabilità dell'Ape diventa in fretta proverbiale e questo contribuisce notevolmente a farne il mezzo preferito per tanti trasportatori. Il motore d'altra parte è identico a quello montato sulla Vespa, a sua volta ben noto per la sua robustezza anche quando sottoposto a sforzi impegnativi. E, nel caso dell'Ape, non è certo da meno il resto della meccanica: il telaio e le sospensioni sono in grado di superare qualsiasi prova.
Nel corso degli anni vengono introdotti molti miglioramenti ma senza mai stravolgere il progetto originale. Il "cuore" resta sempre quello della Vespa con motore a du tempi (poi affiancato da una versione Diesel), il comfort cresce man mano che aumentano le esigenze di chi si trova alla guida.
Nel corso degli anni vengono introdotti molti miglioramenti ma senza mai stravolgere il progetto originale. Il "cuore" resta sempre quello della Vespa con motore a due tempi (poi affiancato da una versione Diesel), il comfort cresce man mano che aumentano le esigenze di chi si trova alla guida.
Tante le varianti disponibili, non esiste incombenza che abbia mai messo in crisi la proverbiale robustezza dell'Ape.

Su e giù per le scale
Up and down the stairs

Per sottolineare le sue grandi doti di robustezza e capacità di... arrampicata, nel 1951 un modello di Ape si esibisce a Roma in un'impresa piuttosto eccezionale. Secondo la Piaggio stessa si tratta di un record. Un collaudatore infatti si porta in Piazza di Spagna, alla base della impegnativa scalinata che conduce a Trinità dei Monti. E qui, ingranata la prima, effettua senza esitazione l'arrampicata senza mai fermarsi fino alla cima, sottoponendo il motore ad uno sforzo rilevante. Non contento dell'impresa, il collaudatore affronta la scalinata stessa in discesa, sottoponendo questa volta le sospensioni ad un durissimo compito. Al termine dell'impegnativo test grande soddisfazione di tutti: collaudatori e meccanici della Casa. Ma grande spettacolo anche per gli spettatori che hanno assistito all'ennesima prova di robustezza per questo eccezionale veicolo.

A Roma un motofurgoncino Ape ha battuto un singolare record salendo tutte le scale che da Piazza di Spagna portano a Trinità dei Monti. Una discreta folla radunatasi sulla balconata della chiesa ha presenziato alla scena commentando in maniera assai favorevole la non comune impresa del motofurgoncino. Come si vede, per i possessori di un Ape ogni cosa diventa facile.

As a way of showing off the vehicle' s great strength and its ability to... climb, in 1951, an Ape performed a rather unusual feat in Rome. According to Piaggio, its was a record. A test driver in fact took an Ape to the Piazza di Spagna, at the foot of the steep flights of steps leading to Trinità dei Monti. Here, after engaging first gear, he unhesitatingly drove to the top without stopping, which put the engine under considerable stress. Not satisfied with this feat, the tester drove back down the stairs, now subjecting the suspension to a particularly gruelling ordeal. At the end of this demanding test, everyone was very satisfied, It was also a great show for the spectators who witnessed the umpteenth demonstration of the qualities of this exceptionally rugged vehicle.

Indestructible. The term that best sums up the mechanical design of the Ape. Since its birth it has been subjected to heavy loads, often much greater than those it was built for. The reliability of the Ape soon became proverbial and contributed greatly to it becoming the vehicle of choice for many hauliers. The engine was after all identical to the one fitted to the Vespa, which was also well-known for its robustness even when subjected to demanding stresses. In the case of the Ape, the rest of the mechanical design was certainly no less solid: the chassis and the suspension were capable of passing any test it was subjected to.
Over the years numerous improvements were introduced without ever losing sight of the original project. The "heart" of the vehicle remained that of the two-stroke Vespa (later flanked by a Diesel version), while comfort levels improved to satisfy the demands of those at the controls.
With the numerous variants available, there is no task that has ever got the better of the Ape's proverbial robustness.

Il motore impiegato inizialmente per l'Ape è identico a quello della Vespa: monocilindrico a due tempi, con una cilindrata di 125 cc. Nel corso degli anni la cilindrata aumenterà fino a 220 cc. E il motore a benzina sarà affiancato dalla versione Diesel.

The engine first used in the Ape was identical to the one used in the Vespa: a two-stroke single, with a displacement of 125 cc. Over the years the displacement was expanded to 220 cc. And the petrol engine was flanked by a Diesel version.

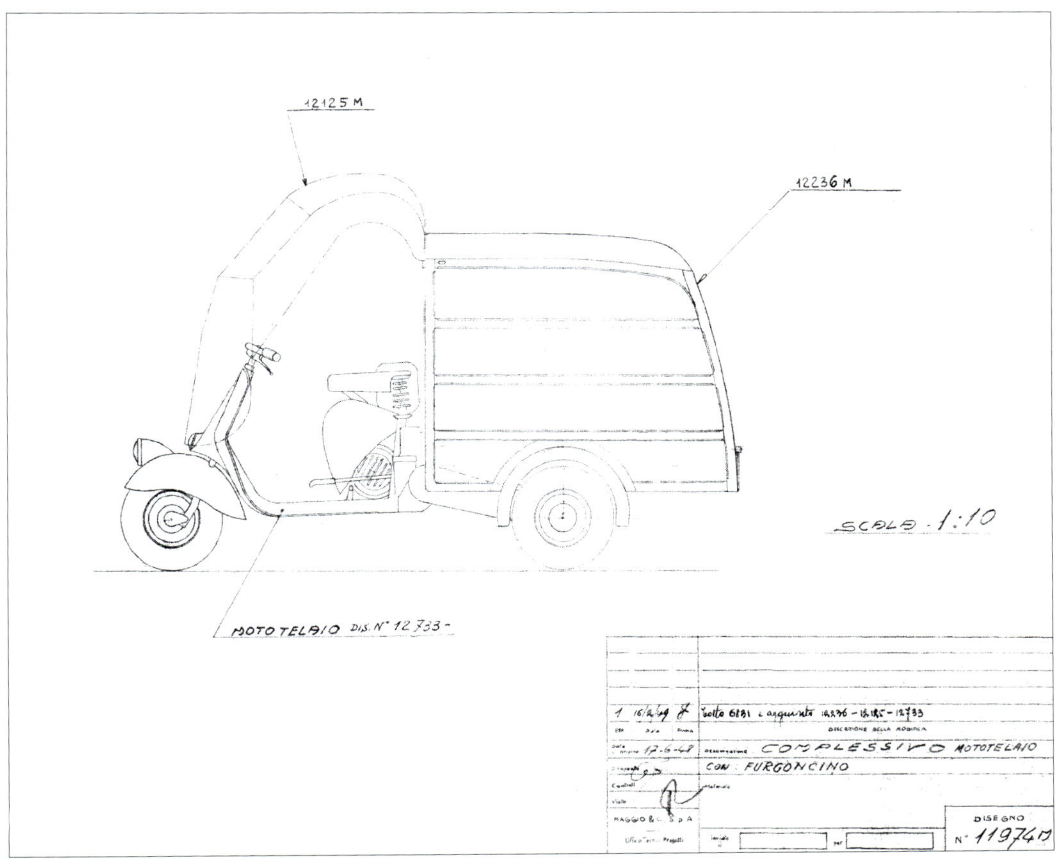

2.2 IL MOTORE

CARATTERISTICHE TECNICHE

Motore: a 2 tempi - cilindrata cmc. 125 potenza massima HP. 4 a 4500 giri.

Cambio di marcia: a 4 velocità.

Messa in moto: con leva a mano azionabile dal posto di guida a sinistra.

Raffreddamento: è assicurato a qualsiasi velocità da un ventilatore centrifugo.

Telaio: di lamiera acciaio stampata e saldata elettricamente.

Trasmissione: con differenziale e due catene.

Sospensione: con molle acciaio a spirale per la ruota anteriore; con barre di torsione ed ammortizzatori per le ruote posteriori.

Ruote: di lamiera, acciaio stampata, con freno a tamburo, intercambiabili tra loro.

Pressione gomme:

per la ruota anteriore	1,2 ÷ 1,5 Kg./cm.²
per le ruote posteriori	1,5 ÷ 1,8 Kg./cm.²

Freni: a pedale, idraulico, sulle ruote posteriori, a mano sulla ruota anteriore e a leva a mano sul differenziale.

Illuminazione: un faro anteriore a due luci e lampadina di posizione, due fanalini laterali ed un fanalino posteriore, l'alimentazione è fatta a mezzo del generatore collegato ad una batteria.

Cassone: di legno con nervature di rinforzo, sponda posteriore ribaltabile.

Lunghezza massima	m. 2,420
Larghezza »	» 1,280
Altezza »	» 0,860
Altezza della sella da terra	» 0,700
Altezza pedana da terra	» 0,150
Raggio minimo sterzata	» 1,865
Carreggiata	» 1,020
Altezza fondo cassone da terra	» 0,500
Dimensioni cassone	m. 1,110 x 1,110
Altezza sponde cassone	m. 0,200
Peso totale a vuoto	Kg. 125
Velocità massima a pieno carico 40 Km. all'ora.	
Carico trasportabile	Kg. 200

Pendenza massima superabile a pieno carico 18%.

Consumo a pieno carico: 1 litro di miscela ogni 35 Km.

ANNI '40

Il propulsore è identico a quello montato sulla Vespa in produzione, quindi si tratta di un'unità motrice a due tempi. Il motore montato sul modello A è un monocilindrico, con una cilindrata di 125 cc (per la precisione: 124,8). Il rapporto di alesaggio x corsa è di 56,5 x 50 mm. L'alettatura di testa e cilindro è di tipo radiale. La distribuzione è del tipo a luci incrociate. Il raffreddamento è ad aria forzata, mediante una ventola. L'alimentazione è a carburatore (diametro 17 mm). La miscela olio-benzina è al 5%. L'accensione è a bobina. La potenza massima è di 4 CV a 4500 giri. Il gruppo motore-cambio-differenziale è collocato in posizione ribassata, sotto al sedile del guidatore. La frizione è a dischi multipli. Il cambio è a quattro marce, con il comando al manubrio.

Il moto alle ruote posteriori si trasmette tramite un gruppo riduttore-differenziale, con l'impiego di due semi alberi collegati ad una coppia di catene.

La messa in moto avviene tramite una leva comandata a mano, posta sulla sinistra del guidatore.

La velocità massima è di 40 km/h, la pendenza massima superabile è del 18%.

In questi anni il gruppo motore-cambio-differenziale è collocato al di sotto della sella del guidatore. Una soluzione semplice dal punto di vista tecnico ma non particolarmente confortevole per il conducente. Il serbatoio della benzina, della capacità di 10 litri, è invece posizionato sulla destra della sella.

In those years the engine-gearbox-differential assembly was located beneath the driver's seat. This was a simple solution from the technical point of view but it was not particularly comfortable for the driver. The petrol tank, carrying 10 litres of fuel, was fitted to the right of the saddle.

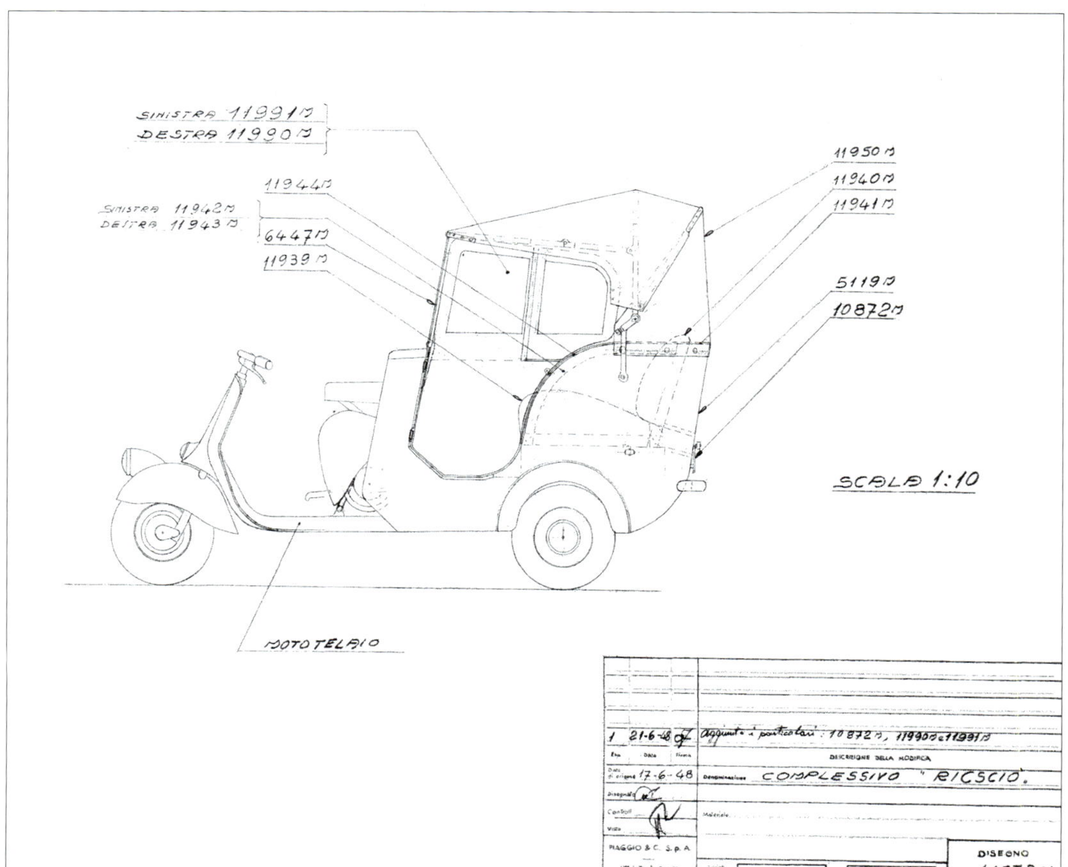

2.2 THE ENGINE

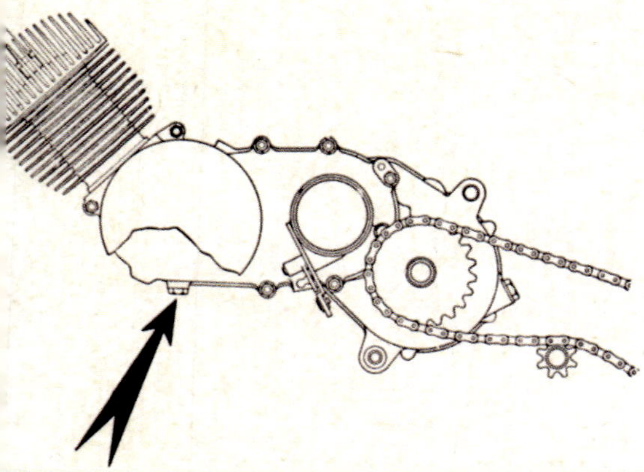

THE '40S

The engine was identical to the one fitted to the Vespa then in production and was consequently a two-stroke. The engine fitted to the model A was a single-cylinder unit with a displacement of 125 cc (124.8 to be precise). The bore to stroke ratio was 56.5 x 50 mm. The head and cylinder fins were radial. This was a cross-flow scavenged engine. It had forced air cooling using a fan. The fuel supply was by carburettor (diameter 17 mm). The oil/petrol mixture was 5%. It had coil ignition. The maximum power was 4 hp at 4500 rpm. The engine-gearbox-differential unit was located low down, underneath the driver's seat. It had a multiple-plate clutch. There was a four-speed gearbox, with handlebar controls.

Power was transmitted to the rear wheels by means of a differential reduction unit, using two half-shafts connected to a pair of chains.

A hand lever on the driver's left was used to start the engine.

The top speed was 40 kph and the steepest gradient it was able to climb was 18%.

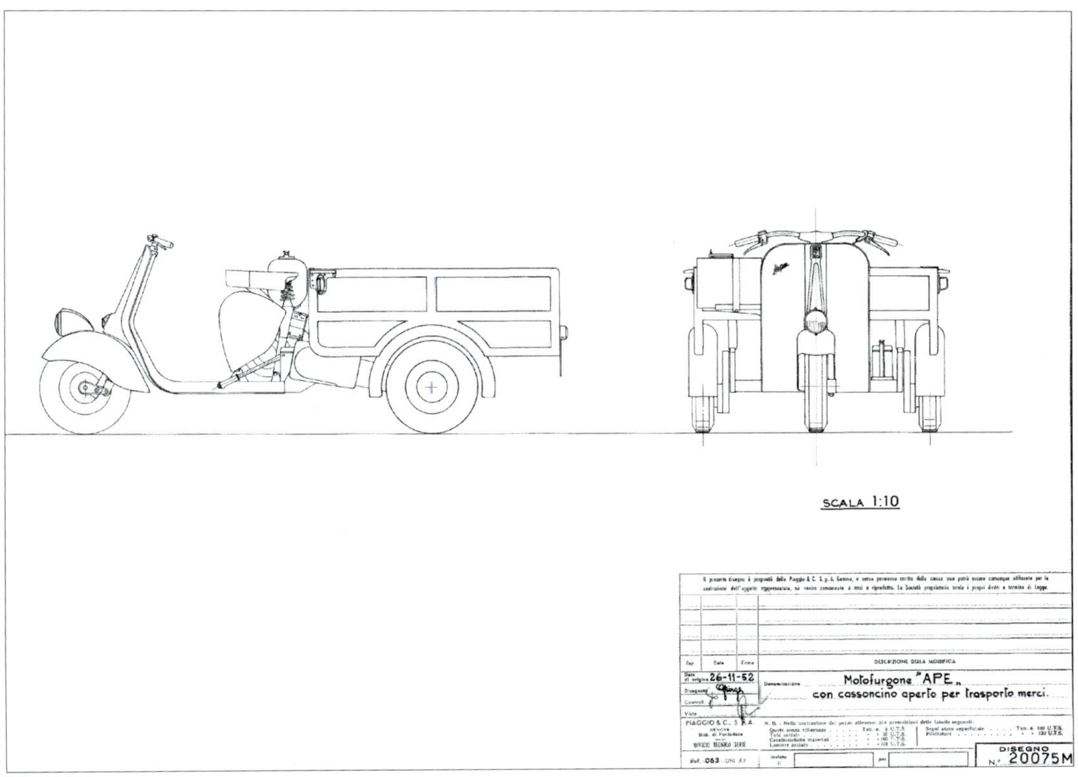

Il primo motore che viene montato sull'Ape ha una cilindrata di 125 cc, come la Vespa appena entrata in produzione (la prima serie della Vespa era di 98 cc). Il comando del cambio è a manopola.

The first engine to be fitted to the Ape had a displacement of 125 cc, like the Vespa that had just entered production (the first series Vespa had a 98 cc engine). A twist-grip gear change was fitted.

ANNI '50

Il motore subisce diversi interventi che ne migliorano il rendimento. Con la serie B la cilindrata aumenta a 150 cc e aumentano sia la potenza massima sia le prestazioni. Immutata è la miscela, la percentuale resta al 5%. Come per la Vespa viene introdotto il comando del cambio a fili anziché a bacchetta.

The engine underwent various modifications that improved its performance. With the B series the displacement was increased to 150 cc thereby increasing power output and performance. The oil to petrol ratio remained unchanged at 5%. As on the Vespa, a cable-operated gear change was introduced in place of the original rod system.

La configurazione di base del propulsore non cambia: si tratta sempre di un'unità motrice monocilindrica a due tempi. Rispetto alla decade precedente i modelli B e C aumentano invece la cilindrata, si passa da 125 a 150 cc (per la precisione: 145,4). Il rapporto alesaggio x corsa è di 57 x 57 mm. Incrementa anche la potenza massima, che passa da 4 a 5 CV mentre i giri salgono da 4500 a 5000. Vengono introdotti alcuni piccoli miglioramenti che rendono sempre più affidabile il motore. Tra questi: testa e cilindro hanno un'alettatura migliorata, i carter-catena sono realizzati in fusione di alluminio anziché in lamiera, il differenziale è privo del freno di stazionamento a cerchietto esterno. Il cambio è sempre del tipo a quattro marce, con il comando a manopola. Nuovo è il tipo di leveraggio, il sistema a bacchetta si evolve nella tipologia a cavo flessibile. Sono nuovi anche il carburatore (da 18 mm) e la marmitta di scarico (ad espansione e assorbimento). Il comando della retromarcia è disponibile su richiesta.
Con il nuovo motore si rileva un certo miglioramento delle prestazioni: la velocità massima sale da 40 a 50 km/h, la pendenza massima superabile raggiunge il 22%. Nel corso della decade i valori salgono ulteriormente: la potenza massima passa a 5,8 CV a 5100 giri, la velocità massima segna i 52 km/h.

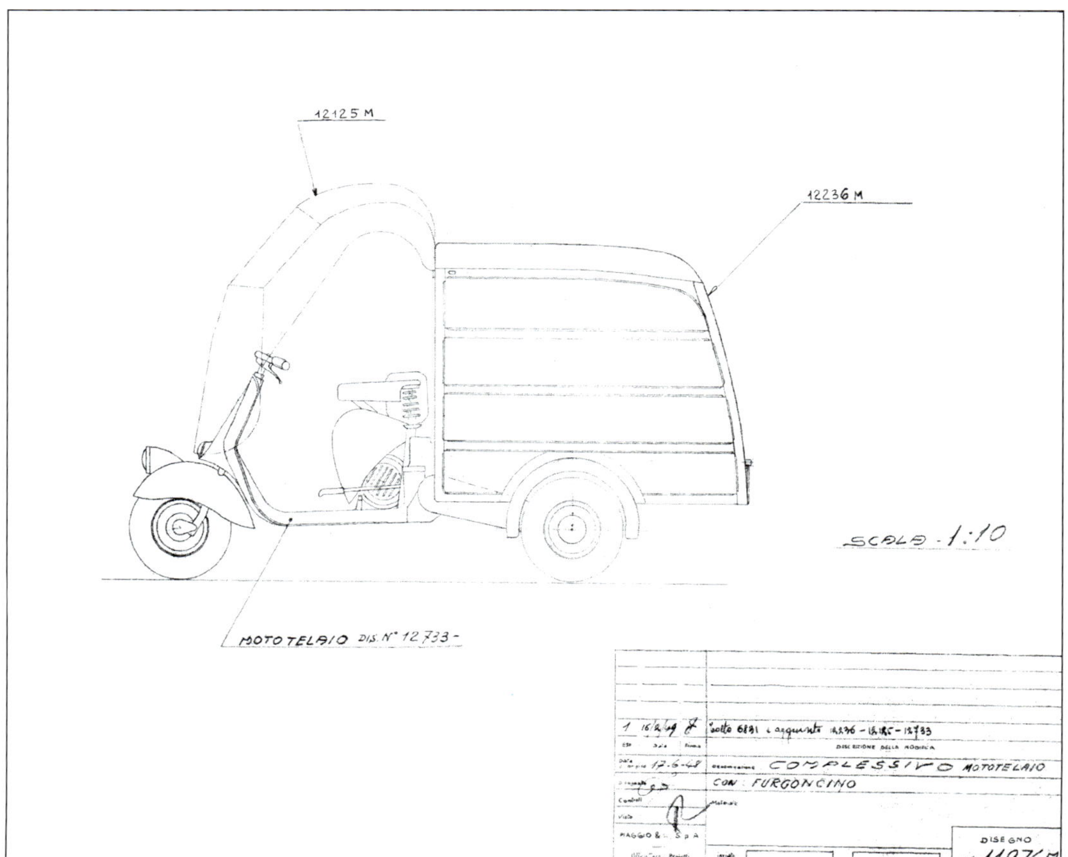

THE '50s

In comune con la Vespa ci sono anche il tipo di raffreddamento del motore e il comando del cambio. Il primo impiega un ventilatore centrifugo, il secondo è a manopola, con la leva al manubrio. Esclusivo per l'Ape è ovviamente il dispositivo della retromarcia, prima optional e poi di serie dal 1958.

The Ape shared the method of engine-cooling and gear change operation with the Vespa. The former was by fan, and the latter by twistgrip with a lever on the handlebar. Unique to the Ape of course was the reverse gear device, initially an optional then fitted as standard from 1958.

There were no changes to the basic configuration of the engine. It was still a single cylinder two-stroke unit. Compared to the previous decade, the displacement of the B and C models was increased from 125 to 150 cc (145.4 cc to be precise). The bore to stroke ratio was 57 x 57 mm. Maximum power also increased from 4 to 5 hp while maximum rpm rose from 4500 to 5000. A few small improvements were made to make the engine more reliable. These included: the cylinder head and cylinder had improved finning, the chain housings were made of cast aluminium instead of sheet metal, the differential was no longer fitted with an external bead parking brake. The gearbox was still a four-speed unit with handlebar control. The control mechanism was changed from the rod-type to the flexible cable type. The carburettors were also new (18 mm), as was the exhaust (an expansion and absorption type.) A reverse gear control was available on request.
With the new engine there was a significant improvement in performance: the top speed increased from 40 to 50 kph, and the maximum slope that could be climbed was now 22%. Over the next ten years these figures further improved: the maximum power output rose to 5.8 hp at 5100 rpm while a top speed of 52 kph was achieved.

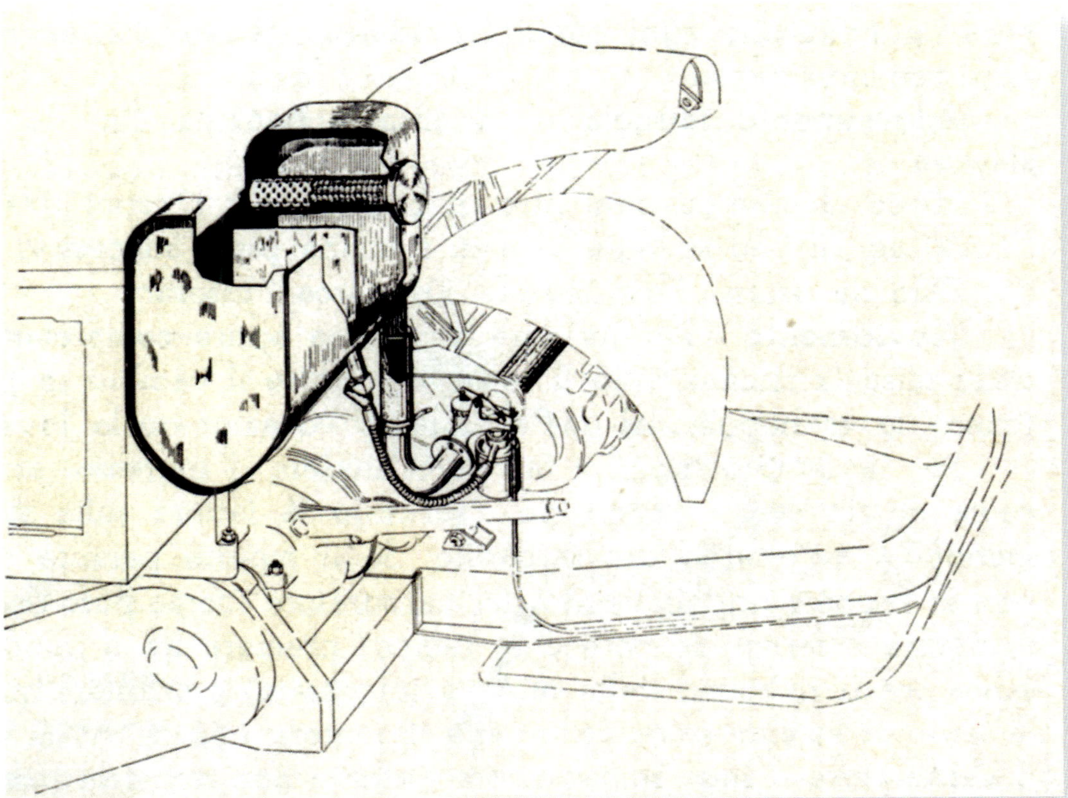

ANNI '60

All'inizio della decade il motore delle serie E riceve solo interventi di dettaglio. Migliora l'impianto elettrico, reso più efficiente grazie ad una nuova batteria di maggior capacità. Migliorano alcuni elementi che consentono di sfruttare il mezzo con maggior comodità: il comando della retromarcia è disponibile di serie anziché su richiesta, l'avviamento prevede un dispositivo di contatto a chiavetta asportabile di tipo automobilistico. Vengono costantemente evoluti gli organi di trasmissione (semi assi e differenziale).
A metà di questo decennio viene introdotto un nuovo motore per la serie D, con la cilindrata di 175 cc (per la precisione: 169,6). Il rapporto alesaggio x corsa è di 60 x 60 mm. Grande innovazione è data dalla nuova distribuzione, di tipo rotante. È così possibile impiegare una miscela benzina-olio al 2% (anziché al 5%) riducendo in maniera considerevole le incrostazioni del motore. Naturalmente si innalzano le prestazioni. La potenza massima è di 7.6 CV a 5000 giri, la velocità massima raggiunge i 58 km/h, la pendenza massima superabile è del 24%.
Sul finire della decade il propulsore viene ulteriormente migliorato: la potenza massima sale a 8,2 CV a 4650 giri, la velocità massima è di 65 km/h, la pendenza massima superabile è del 25%.

È di questi anni un importante miglioramento. Il propulsore adotta una distribuzione di tipo rotante e questo consente l'impiego di una miscela con la percentuale al 2%. Con questa soluzione, che prevede meno olio, il motore ne beneficia riducendo notevolmente la quantità di incrostazioni.

A significant improvement dated from these years. The engine was fitted with a rotary valve fuel supply and this meant that 2% two-stroke mix could be used. This feature, which meant that less oil was used, also reduced the amount of carbon deposits in the engine.

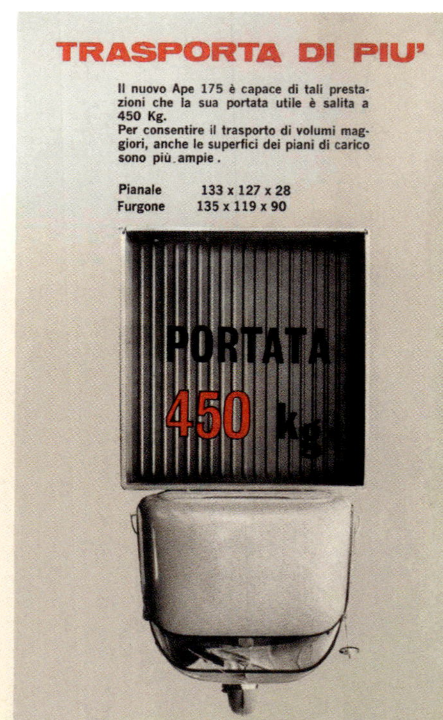

Nel corso degli anni, pur mantenendo inalterata la cilindrata di 175 cc, il propulsore riceve tanti piccoli miglioramenti che consentono un netto incremento nelle prestazioni.

Over the years, while the displacement of 175 cc remained unchanged, the engine received numerous minor modifications that permitted significantly improved performance.

THE '60s

At the beginning of the '60s minor small changes were made to the E series engine. The electrics were improved and made more efficient with the fitting of a larger capacity battery. Certain features were improved to make the vehicle easier to use: a reverse gear control was fitted as standard rather than on request, the starter was now fitted with a contact device with a removable key similar to those used on cars. The transmission components (half-shafts and differential) evolved constantly.

Mid-way through the decade, a new engine for the D series was introduced, with a displacement of 175cc (169.6 to be precise). The bore to stroke ratio was 60 x 60 mm. The main new feature was the introduction of a rotary valve. An oil to petrol ratio of 2% (rather than 5%) could now be used, resulting in a considerable reduction in the amount of carbon deposits in the engine. Of course there was an increase in performance. With the maximum power output rising to 7.6 hp at 5000 rpm, the top speed was now 58 kph, and the 24% slope could now be climbed.

At the end of the decade, the engine was further improved: maximum power rose to 8.2 hp at 4650 rpm, the top speed was now 65 kph and the maximum slope that could be climbed was 25%.

La cilindrata sale da 150 a 175 cc con un netto miglioramento nelle prestazioni (grazie anche alla distribuzione rotante). Adesso la velocità massima è di 60 km/h ma entro la fine del decennio aumenterà a 65 km/h. Incrementa anche il valore della pendenza superabile, ora si arriva al 25%.

The displacement rose from 150 to 175 cc which brought a decisive increase in performance (also thanks to the rotary valve induction). The top speed increased to 60 kph, but by the end of the decade it reached 65 kph. There was also an increase in the steepness of the slope that the Ape could climb – it was now 25%.

Grande innovazione per questa decade: il motore è posteriore, con un enorme miglioramento in fatto di comfort per il guidatore.

The greatest innovation of the decade: the engine was placed at the back, which greatly improved driver comfort.

ANNI '70

Viene lanciato un nuovo modello, denominato MP (Motore Posteriore). Commercializzato a partire dalla fine della decade precedente, questa versione vanta un motore completamente nuovo. La cilindrata sale a 190 cc (per la precisione: 187,2). Il rapporto alesaggio x corsa è di 63 x 60 mm. Notevole è l'incremento nelle prestazioni: la potenza massima è di 9,4 CV a 5000 giri, la velocità massima è di 67 km/h, la pendenza massima superabile è del 27%. Nuovo è l'impianto elettrico, con la batteria da 12 V e avviamento elettrico con dinamotore. La grande innovazione è data dalla nuova collocazione del motore, ora spostato nella zona posteriore del mezzo. Cambia così la trasmissione, che diventa diretta sui due semi assi posteriori. Questa soluzione comporta una miglior distribuzione dei pesi ed un comportamento su strada notevolmente più stabile e sicuro. Grande sorpresa nel 1972 quando viene lanciato l'Ape Car: rappresenta una vera rivoluzione, stilistica e tecnica. Il nuovo propulsore ha una cilindrata di 220 cc (per la precisione: 217,9). Il rapporto alesaggio x corsa è di 68 x 60 mm. La potenza massima è di 10,5 CV a 5.000 giri, la velocità massima è di 65 km/h, la pendenza massima superabile è del 26%. L'accensione è elettronica. Il raffreddamento è ad aria forzata. La frizione è monodisco. Il cambio è a quattro marce, con retromarcia comandata da una leva separata. Grande novità è data anche dall'introduzione della versione 50 cc (per la precisione: 49,8). Il rapporto alesaggio x corsa è 38,4 x 43 mm. La potenza massima è di 1,4 CV.

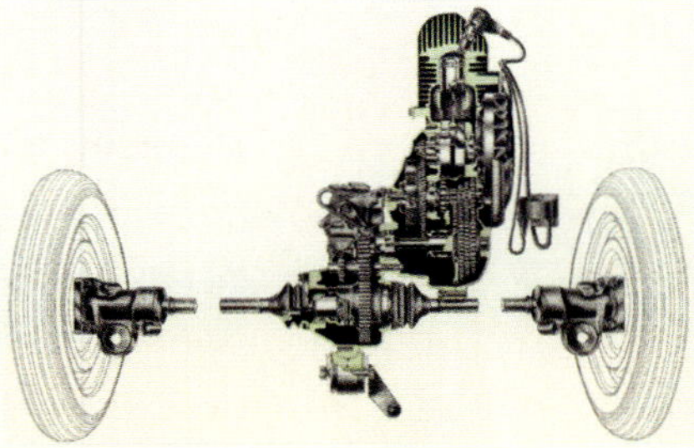

Con il motore posteriore ha maggior equilibrio anche la distribuzione dei pesi, garantendo una miglior tenuta di strada.

With an engine fitted at the rear the weight distribution was improved, guaranteeing better roadholding.

THE '70s

A new model was launched known as the MP (Motore Posteriore – Rear Engine). On sale from the end of the previous decade, this version had a completely new engine. The displacement was increased to 190 cc (187.2 to be precise). The bore to stroke ratio was now 63 x 60 mm. There was a considerable increase in performance: maxiumum power was now 9.4 hp at 5000 rpm, the top speed was 67 kph, and the maximum slope that could be climbed was 27%. The electrical system was new, with a 12 V battery and electric starting with a dynamotor. The great innovation was the location of the engine, was now positioned at the rear of the vehicle. This meant that the transmission was now connected directly to the two rear half-shafts. This made for better weight distribution and made the vehicle considerably safer and more stable.
Everyone was surprised when the Ape Car was launched in 1972 as it represented a true revolution both in terms of style and technical specification. The new engine had a displacement of 220 cc (217.9 to be precise). The bore to stroke ratio was 68 x 60 mm. Maximum power was now 10.5 hp at 5000 rpm, the top speed was 65 kph and the maximum slope that could be climbed was 26%. It was fitted with electronic ignition. Cooling was by forced air. It had a single-plate clutch. It had a four-speed gearbox operated by a separate lever. Another important innovation was the introduction of the 50 cc version.

La serie MP (Motore Posteriore) rappresenta un notevole passo avanti nella carriera dell'Ape. E non si avvertono più le vibrazioni. Difronte a tanti vantaggi peggiora soltanto l'accessibilità meccanica: ora per arrivare al motore si deve smontare un apposito coperchio posizionato sul pianale.

The MP (Motore Posteriore – Rear-Engined) series marked a significant step forward in the Ape's career. Vibration was no longer a problem. Only access to the engine was worse than before. Now you had to remove a panel fitted to the cargo bed to get to the engine.

ANNI '80

Un importante capitolo si apre grazie all'Elettrocar, un nuovo modello dotato di motore elettrico. Presentato nel 1978 questo veicolo costituisce una proposta davvero interessante, decisamente in anticipo sui tempi: solo a partire dal terzo millennio infatti il capitolo del motore elettrico verrà preso in seria considerazione. Il propulsore dell'Elettrocar è un motore elettrico Bosch TRL a corrente continua (tensione 80 V), è alimentato da 12 batterie collegate in serie ed è comandato da un regolatore di velocità elettronico. Le batterie sono collocate in tre gruppi distinti per distribuire il carico: sotto al piano di carico, in posizione laterale e nella parte posteriore. Esiste anche una versione per trasporto merci all'interno di edifici, dotata di un motore Bosch QRL a corrente continua (tensione 40 V) con una velocità ridotta e una serie di 8 batterie. Le batterie stesse sono facilmente sostituibili grazie ad un apposito carrello sollevatore, compreso nel prezzo di acquisto. È disponibile anche un apposito caricabatterie per la ricarica, senza dover togliere le batterie dal mezzo. Nel corso della decade l'Elettrocar viene ulteriormente migliorato grazie all'installazione di batterie di nuova generazione. La velocità massima è di 45 km/h, nella versione a velocità ridotta limitata a 22 km/h. Novità anche per il motore a benzina, la cilindrata 220 viene adottata anche dal modello P. Nel 1984 vengono introdotte l'accensione elettronica e la lubrificazione separata.

Se solo si fosse evoluto fino ad oggi! Grande interesse per l'Ape nella versione con trazione elettrica. Nasce sull'onda della crisi petrolifera del 1973 (ce ne sarà poi un'altra nel 1979), quando il prezzo della benzina sale a livelli vertiginosi. L'Elettrocar è un veicolo eccezionalmente interessante, limitato però a impieghi specifici.

If only development work had continued to the present day! The electric powered version of the Ape was the focus of a lot of attention. It was created at the time of the 1973 petrol crisis (followed by another one in 1979), when the price of petrol rose to giddying heights. The Elettrocar was an exceptionally interesting vehicle, that was however limited to use in a narrow range of situations.

Il motore dell'Elettrocar è un Bosch a corrente continua, alimentato da una serie di batterie tramite un regolatore elettronico.

The Elettrocar's motor was a direct current Bosch, powered by a series of batteries by means of an electronic regulator.

THE '80s

An important chapter opened with the Elettrocar, a new model equipped with an electric motor. Presented in 1978, this vehicle was a truly interesting project, decidedly ahead of its time: the use of electric propulsion only started being taken seriously from 2000 onwards. The motor in the electric car was a Bosch TRL direct current unit (80 V voltage), powered by 12 batteries connected in series and controlled by an electronic speed regulator. The batteries were fitted in three separate groups in order to distribute the weight: below the cargo platform, at the side and at the rear. There was also a version for carrying goods inside buildings, equipped with a Bosch QRL DC motor (40 V voltage) with a lower speed and a series of eight batteries. The batteries themselves were easy to replace thanks to a special lifting trolley that was included in the purchase price. A battery charger for recharging the batteries without removing them from the vehicle was also available. Over the next ten years the Elettrocar was further improved thanks to the installation of new generation batteries. The maximum speed was 45 kph, with the slower version limited to 22 kph.
There were also a number of changes for the petrol-engined version, with the 220 cc displacement also being used in the model P. In 1984 electronic ignition and separate lubrication were introduced.

Il motore elettrico consente non solo di evitare la benzina quale fonte di energia ma si dimostra perfetto per combattere l'inquinamento atmosferico. Per non parlare della rumorosità, praticamente ridotta al frusciare dei pneumatici. Potendo circolare al chiuso viene allestita anche una versione a velocità ridotta.

The electric motor allowed users not only to avoid using petrol as a source of energy but also to combat atmospheric pollution. Furthermore, the noise level was practically limited to the swish of the tyres. As it could be used indoors, a second version was produced with a lower top speed.

Per la versione standard l'alimentazione del motore viene assicurata da 12 batterie suddivise in tre gruppi installati (in opportuni contenitori) sotto il piano di carico.

Per la versione a velocità ridotta sono sufficienti 8 batterie suddivise in due gruppi.

Per la ricarica delle batterie, **senza smontarle dal veicolo,** basta collegare il carica batterie alla presa di corrente situata all'interno della cabina.

Il motore elettrico con eccitazione in serie consente buone prestazioni di velocità e accelerazione, particolarmente apprezzabili nel traffico urbano.

La regolazione della velocità è ottenuta senza dissipazione di energia mediante un **dispositivo elettronico ad impulsi** di durata variabile in relazione alla posizione del pedale acceleratore.

L'accesso al vano motore-regolatore è reso agevole da un portello sollevabile sul piano di carico.

Nel caso in cui l'impiego del veicolo si prolunghi oltre i limiti di autonomia, le batterie possono essere **facilmente e rapidamente sostituite** con altre cariche mediante un carrello sollevatore.

Al momento dello smontaggio e montaggio dei contenitori, il disinnesto e innesto del collegamento elettrico relativo avviene **automaticamente.**

APE ELETTROCAR versione FURGONE

L'accesso al vano di carico è reso agevole dai due ampi portelloni.

Per la guida del veicolo sono sufficienti i soli comandi freno e acceleratore sistemati sul pavimento.

Sul lato sinistro del cruscotto è situato un deviatore a leva per marcia-avanti marcia-indietro e sul lato alto destro uno strumento indicante lo stato di carica delle batterie.

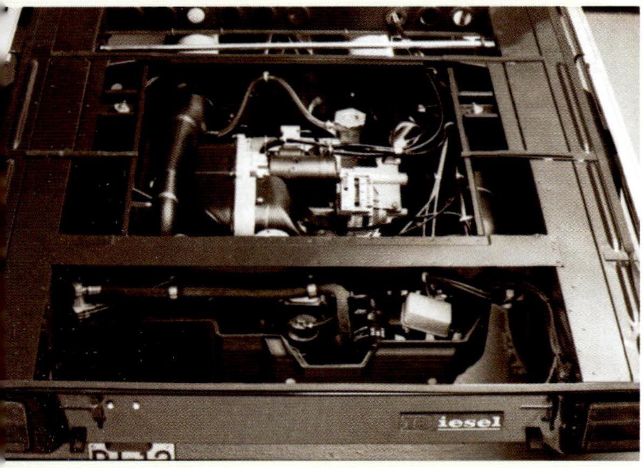

Adesso si può scegliere tra due tipologie di motori: benzina e Diesel. Questi ultimi hanno prestazioni inferiori ma vantano consumi ridottissimi.

Two types of engine were now available: petrol or Diesel. The latter had restricted performance but boasted much lower fuel consumption.

ANNI '90

Grande evoluzione per il motore. Nel 1988 viene introdotta la versione a quattro tempi Diesel, montata sui modelli Apecar, TM e D Max. Un'iniziativa che in questa decade registra un'ampia diffusione grazie ai consumi particolarmente contenuti (si sfiorano i 30 km/l). Il nuovo motore ha una cilindrata di 420 cc (per la precisione: 422). Il rapporto alesaggio x corsa è di 83 x 78 mm. La potenza massima è di 15 CV a 4500 giri. L'alimentazione è ad iniezione indiretta. Il cambio, nella versione a volante, è a 5 marce. Il raffreddamento è a liquido. La velocità massima è di 65 km/h. La pendenza massima superabile è del 22%.

Resta comunque in produzione anche la versione tradizionale, dotata del monocilindrico a due tempi e con la ormai consolidata cilindrata di 220 cc. Naturalmente, in questo caso le prestazioni sono più brillanti, soprattutto in accelerazione, mentre penalizzati risultano i consumi.

Perchè il Diesel è scritto maiuscolo?
Why is Diesel written with a capital D?

Se il motore a benzina è scritto minuscolo perché il motore Diesel è scritto maiuscolo? Perché si tratta del nome del suo inventore, il tedesco Rudolf Diesel. Il brevetto è del 1892 e si differenzia nettamente rispetto al motore a benzina e non solo perché qui si impiega il gasolio. La grande differenza sta infatti nel tipo di accensione del combustibile: nel motore a benzina avviene mediante la scintilla delle candele, nel motore Diesel avviene per la sola compressione. Tecnicamente i motori a benzina sono infatti definiti "ad accensione comandata" mentre i Diesel sono "ad accensione spontanea". A rigor di logica anche il motore a benzina si dovrebbe chiamare motore Otto, dal nome del suo inventore, il tedesco Nikolaus Otto, che lo brevetta nel 1876.

While the name petrol engine is written with a small "p", why is Diesel written with a capital letter? Because here we are talking about the name of its inventor, the German Rudolf Diesel. The patent dates from 1892 and the power unit is very different to the petrol engine and not just because it used Diesel fuel. The biggest difference is in the way the fuel is combusted: in a petrol engine the fuel is ignited by a spark from the spark plugs, while in a Diesel engine ignition is achieved by compression alone. Technically speaking, petrol engines are defined as having "positive ignition" while Diesels have "compression iginition". It would be logical to call the petrol engine Otto, according to the name of its inventor, the German Nikolaus Otto, who patented it in 1876.

I motori a benzina a due tempi restano competitivi grazie all'introduzione dell'accensione elettronica e della lubrificazione separata.

The two-stroke engines remained competitive thanks to the introduction of electronic ignition and separate lubrication.

THE '90s

Major modifications were made to the engine. The four-stroke Diesel version was introduced in 1988 and fitted to the Apecar, TM and D Max models. Over the course of the decade, this proved to be a very popular model thanks to its extremely low fuel consumption (nearly 30 km to the litre). The new engine had a displacement of 420 cc (422 cc to be precise). The bore to stroke ratio was 83 x 78 mm. The maximum power was 15 hp at 4500 rpm. It was fitted with direct fuel injection. On the steering wheel version a five-speed gearbox was fitted. The engine was liquid-cooled. The top speed was 65 kph. The maximum angle of climb was 22%.
The traditional version remained in production however, fitted with the single cylinder two-stroke with the usual displacement of 220 cc Of course, performance was now much more lively, especially acceleration, although fuel consumption suffered.

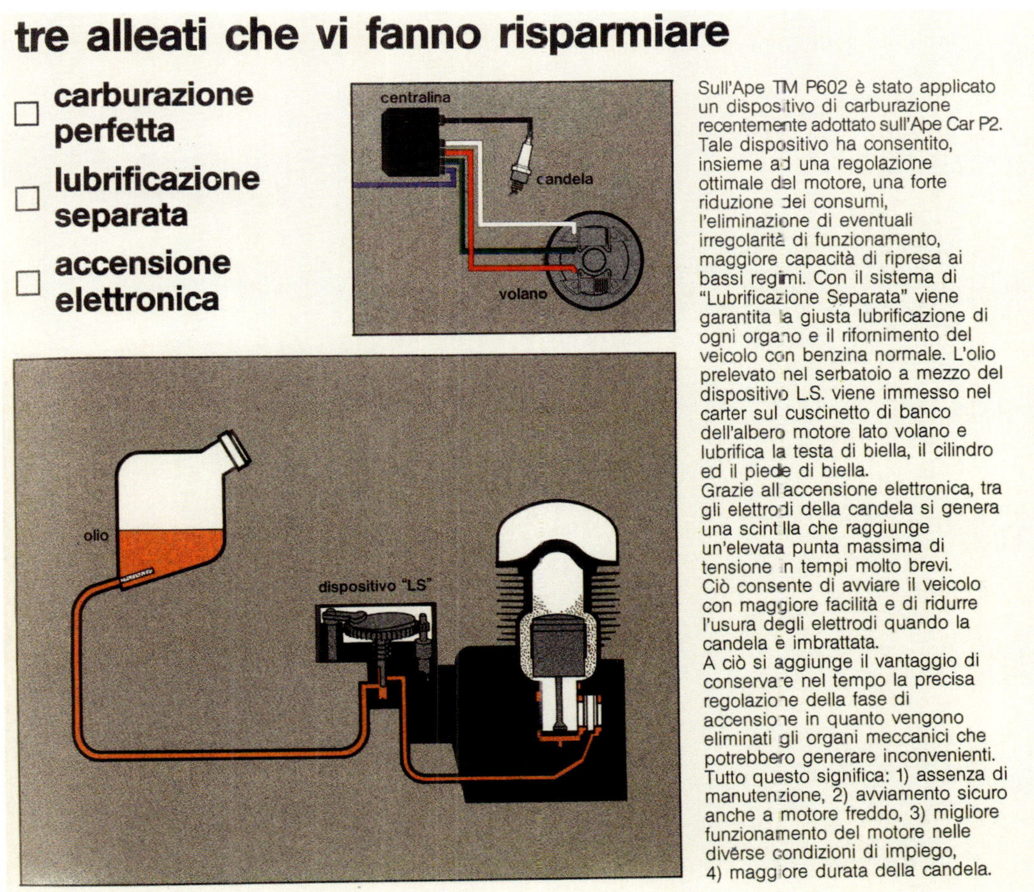

tre alleati che vi fanno risparmiare

- ☐ **carburazione perfetta**
- ☐ **lubrificazione separata**
- ☐ **accensione elettronica**

Sull'Ape TM P602 è stato applicato un dispositivo di carburazione recentemente adottato sull'Ape Car P2. Tale dispositivo ha consentito, insieme ad una regolazione ottimale del motore, una forte riduzione dei consumi, l'eliminazione di eventuali irregolarità di funzionamento, maggiore capacità di ripresa ai bassi regimi. Con il sistema di "Lubrificazione Separata" viene garantita la giusta lubrificazione di ogni organo e il rifornimento del veicolo con benzina normale. L'olio prelevato nel serbatoio a mezzo del dispositivo L.S. viene immesso nel carter sul cuscinetto di banco dell'albero motore lato volano e lubrifica la testa di biella, il cilindro ed il piede di biella.
Grazie all accensione elettronica, tra gli elettrodi della candela si genera una scintilla che raggiunge un'elevata punta massima di tensione in tempi molto brevi.
Ciò consente di avviare il veicolo con maggiore facilità e di ridurre l'usura degli elettrodi quando la candela è imbrattata.
A ciò si aggiunge il vantaggio di conservare nel tempo la precisa regolazione della fase di accensione in quanto vengono eliminati gli organi meccanici che potrebbero generare inconvenienti.
Tutto questo significa: 1) assenza di manutenzione, 2) avviamento sicuro anche a motore freddo, 3) migliore funzionamento del motore nelle diverse condizioni di impiego, 4) maggiore durata della candela.

Electric e Lithium sono parole nuove, mai viste prima sull'Ape. Il mezzo è diventato elettrico e usa batterie al litio.

Electric and Lithium were two new words never previously seen on the Ape. The vehicle had turned electric and was fitted with lithium batteries.

ANNI 2000

Prosegue lo sdoppiamento della gamma: restano in listino entrambe le motorizzazioni, sia a due tempi sia Diesel. Un'importante innovazione riguarda in particolare il motore 50 a due tempi. Le normative antinquinamento spingono al rispetto dell'Euro 2 e vengono di conseguenza inseriti nuovi contenuti. In particolare viene installata una nuova marmitta con doppio catalizzatore e *coating*. Con l'occasione vengono introdotti, sempre sulla versione 50, piccoli miglioramenti che riguardano il supporto bobina alternatore, il motorino di avviamento e la pompa miscelatore.
Davvero interessante la versione speciale del Calessino, allestita nel 2009. Il motore infatti è di tipo elettrico ed impiega le batterie di ultima generazione, al litio. Il sistema di alimentazione è innovativo e viene denominato Aenerbox: consente una notevole autonomia (75 km) e ha brevi tempi di ricarica (4 ore). La durata delle batterie stesse è prevista in 15 anni.

La gamma si attesta sulle due motorizzazioni, benzina e Diesel, con progetti sempre più attuali. E c'è anche la versione elettrica.

The range is based around two engine, petrol and Diesel, with increasingly up to date designs. There was also an electric version.

THE 2000s

The division of the range into two separate groups continued: both the two-stroke and Diesel engines remained in the catalogue. One important new feature was to be found in the two-stroke 50 cc engine. Anti-pollution regulations required compliance with Euro 2 norms and new parts were therefore introduced to meet them. Specifically a new silencer with a double catalyst and coating was fitted. At the same time, minor improvements were made to the 50 cc version regarding the bracket for the alternator coil, the starter motor and the mixer pump.

The special version of the Calessino, introduced in 2009, was especially interesting. It was in fact fitted with an electric motor and used the latest generation lithium batteries. The power supply system was completely new and it was called the Aenerbox: it gave the vehicle a considerable range (75 km) and very short charging times (4 hours). The batteries were expected to last for 15 years.

Grazie ai continui miglioramenti anche la versione a due tempi riesce a rientrare nelle sempre più restrittive norme antinquinamento.

Thanks to the continuous improvements, the two-stroke version always managed to meet the ever-stricter anti-smog regulations.

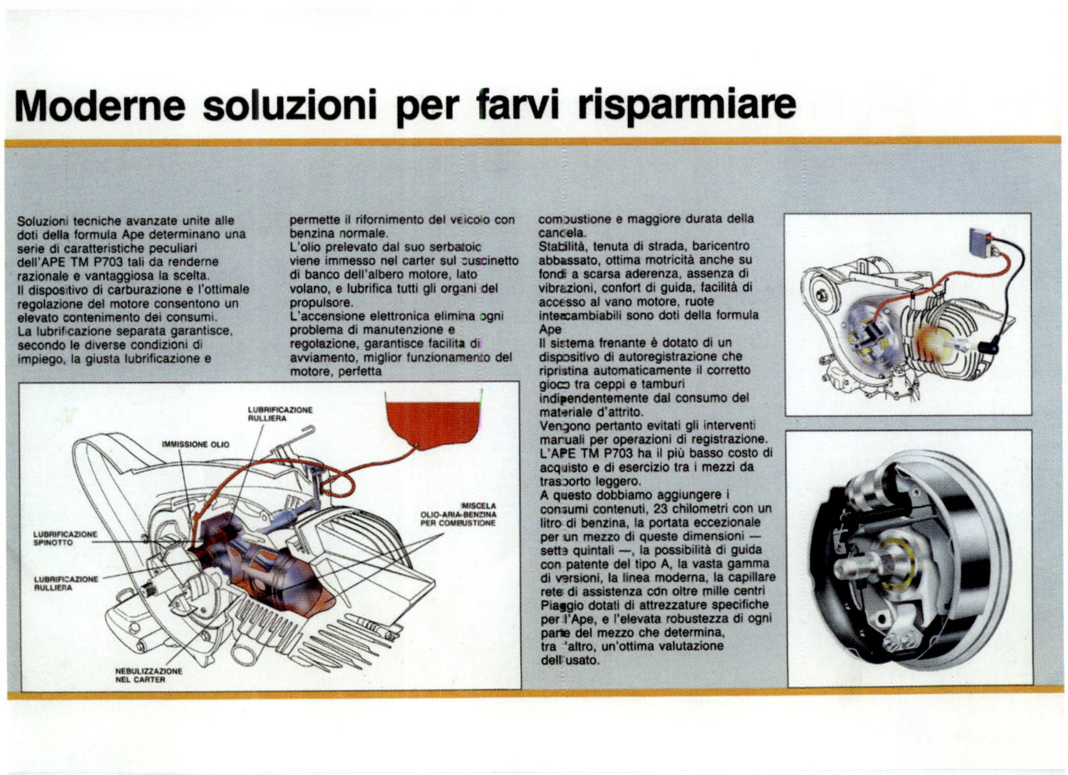

Moderne soluzioni per farvi risparmiare

Soluzioni tecniche avanzate unite alle doti della formula Ape determinano una serie di caratteristiche peculiari dell'APE TM P703 tali da renderne razionale e vantaggiosa la scelta.
Il dispositivo di carburazione e l'ottimale regolazione del motore consentono un elevato contenimento dei consumi.
La lubrificazione separata garantisce, secondo le diverse condizioni di impiego, la giusta lubrificazione e permette il rifornimento del veicolo con benzina normale.
L'olio prelevato dal suo serbatoio viene immesso nel carter sul cuscinetto di banco dell'albero motore, lato volano, e lubrifica tutti gli organi del propulsore.
L'accensione elettronica elimina ogni problema di manutenzione e regolazione, garantisce facilita di avviamento, miglior funzionamento del motore, perfetta combustione e maggiore durata della candela.
Stabilità, tenuta di strada, baricentro abbassato, ottima motricità anche su fondi a scarsa aderenza, assenza di vibrazioni, confort di guida, facilità di accesso al vano motore, ruote intercambiabili sono doti della formula Ape
Il sistema frenante è dotato di un dispositivo di autoregistrazione che ripristina automaticamente il corretto gioco tra ceppi e tamburi indipendentemente dal consumo del materiale d'attrito.
Vengono pertanto evitati gli interventi manuali per operazioni di registrazione.
L'APE TM P703 ha il più basso costo di acquisto e di esercizio tra i mezzi da trasporto leggero.
A questo dobbiamo aggiungere i consumi contenuti, 23 chilometri con un litro di benzina, la portata eccezionale per un mezzo di queste dimensioni — sette quintali —, la possibilità di guida con patente del tipo A, la vasta gamma di versioni, la linea moderna, la capillare rete di assistenza con oltre mille centri Piaggio dotati di attrezzature specifiche per l'Ape, e l'elevata robustezza di ogni parte del mezzo che determina, tra l'altro, un'ottima valutazione dell'usato.

Non si erano mai viste prima così tante tipologie di motori: dal piccolo due tempi al grande quattro tempi a benzina, dal Diesel all'elettrico.

Such a wide range of power units had never been seen before: from the little two-stroke to the larger four-stroke petrol engines, from the Diesel to the electric motor.

ANNI 2010

Il listino comprende quattro modelli. La serie 50 ha il motore monocilindrico a due tempi con una potenza massima di 1,8 kW a 5500 giri. La coppia è di 3.3 Nm a 4250 giri. Il miscelatore olio-benzina è automatico.
La serie TM 220 ha il motore monocilindrico a due tempi, con una potenza massima di 7.5 kW a 5000 giri. La coppia è di 17.5 Nm a 3750 giri. Il miscelatore olio-benzina è automatico.
La serie Classic 435 ha il motore monocilindrico a quattro tempi Diesel, con una potenza massima di 5.5 kW a 3450 giri. La coppia è di 18 Nm a 2000 giri.
La serie Calessino ha il motore monocilindrico a quattro tempi benzina, con una potenza massima di 7.5 kW a 4750 giri. La coppia è di 23 Nm a 2700 giri.

THE 2010s

The catalogue features four models.
The 50 cc series is fitted with the two-stroke single cylinder engine with a maximum power output of 1.8 kw at 5500 rpm. Maximum torque is 3.3 Nm at 4250 rpm. It is fitted with an automatic oil supply system.
The TM 220 series is fitted with the two-stroke single cylinder engine with a maximum power output of 7.5 kw at 5500 rpm and maximum torque of 17.5 Nm at 3750 rpm. It is fitted with an automatic oil supply system.
The Classic 435 series is fitted with the single cylinder four-stroke Diesel engine with a maximum power output of 5.5 kw at 5500 rpm and maximum torque of 18 Nm at 2000 rpm.
The Calessino series is fitted with the four-stroke single cylinder petrol engine with a maximum power output of 7.5 kw at 4750 rpm and maximum torque of 23 Nm at 2700 rpm.

La potenza massima dei propulsori va dai 1.8 kW del 50 ai 7.5 kW del 220 a benzina. Ma c'è anche il Calessino con i suoi 7.5 kW.

The maximum power output of the engines range from the 1.8 kW of the 50 to the 7.5 kW of the 220 petrol unit. There is also the Calessino with its 7.5 kW.

2.3 LA CICLISTICA

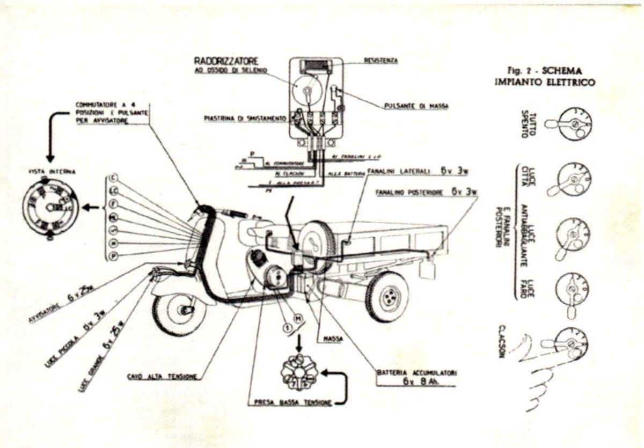

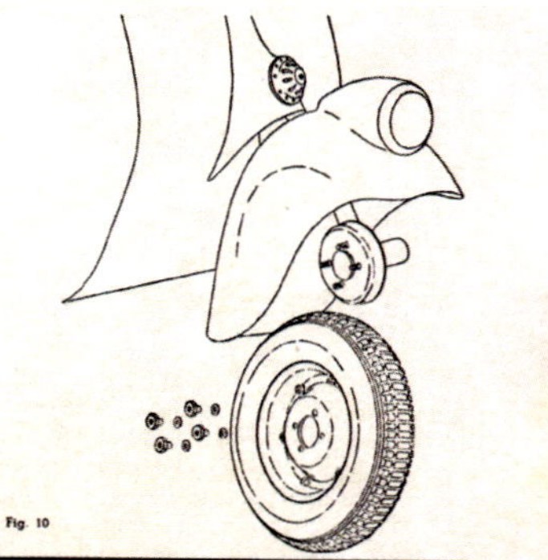

Pneumatici - Essendo le ruote intercambiabili esse possono venire montate indifferentemente sia anteriormente che posteriormente. La pressione delle gomme deve essere tenuta a 1 kg./cmq. per la ruota anteriore e 1,5 kg./cmq. per quelle posteriori.

In caso di avaria di un pneumatico occorre smontare la ruota dal motofurgone svitando e togliendo i quattro dadi che la fissano al tamburo del freno, spostandola lateralmente onde farla uscire

Fig. 10

— 23

Il telaio è molto semplice, in pratica è costituito da un longherone con supporti in modo da formare una base di appoggio. Su questa viene poi fissato il cassone, che a sua volta è disponibile in varie configurazioni (aperto, chiuso, giardinetta per passeggeri).

The chassis was very simple, practically consisting of a beam with side struts that provided a platform. The cargo bed, fixed to this, was available in various configurations (open, closed, station wagon for passengers).

ANNI '40

Il telaio è costituito da un longherone longitudinale che presenta dei supporti strutturali in acciaio (saldati elettricamente) con lo scopo di costituire una base di appoggio per il cassone. Allo stesso telaio sono fissate le sospensioni posteriori.

La sospensione anteriore, identica a quella montata sulla Vespa, è del tipo a bielletta. Le sospensioni posteriori sono montate su supporti indipendenti e funzionano agendo tramite biellette ammortizzatrici a corrispondenti barre di torsione.

I freni sulle tre ruote sono indipendenti. Il freno anteriore è azionato dalla leva posta sul lato destro del manubrio e agisce su un tamburo. I freni sulle ruote posteriori sono comandati dal pedale collocato sulla pedana e agiscono anch'essi su tamburi. In più c'è il freno di stazionamento, che agisce sul differenziale tramite una leva posta a destra del guidatore e impiega un sistema idraulico.

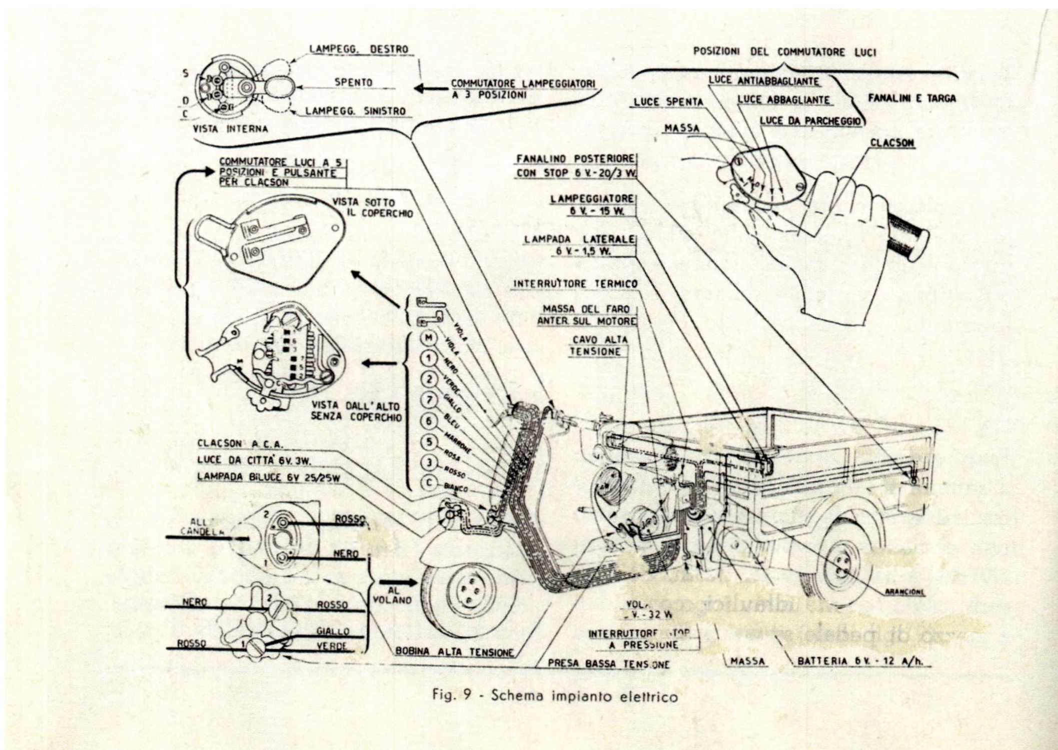

Fig. 9 - Schema impianto elettrico

2.3 THE CHASSIS

ABELLA DELLA LUBRIFICAZIONE PER MOTOFURGONE "APE,,

ORGANI DA LUBRIFICARE	OPERAZIONI DA ESEGUIRE	ESEGUIRE	TIPO DI OLIO DA USARE
Motore	Miscelare a 1 lt di benzina 70 cc. di olio per primi 1000 km. e 50 cc. per i successivi.	Ad ogni rifornimento di carburante.	Essolube 30
Cambio	Sostituzione totale dell'olio nel carter. L'operazione deve essere eseguita a motore caldo e prima di immettere l'olio nuovo è necessario eseguire un accurato lavaggio con petrolio pulito.	Dopo i primi 1000 km.	Essolube 30
	Ripristinare il livello olio.	Ogni 2000 km. successivi	Essolube 30
Differenziale	Ripristinare il livello olio.	Ogni 1000 km.	Esso Gear Oil 90
Freno idraulico	Ripristinare il livello olio.	Ogni 1000 km.	Univis 2
Catene e rocchetti	Ripristinare il livello olio nei triangoli.	Ogni 1000 km.	Esso Gear Oil 140
Mozzo anteriore	Riempire i Tecalemit.	Ogni 1000 km.	Esso Bearing Grease
Cuscinetti barre tors.	Riempire i Tecalemit.	Ogni 1000 km.	Esso Bearing Grease

4 —

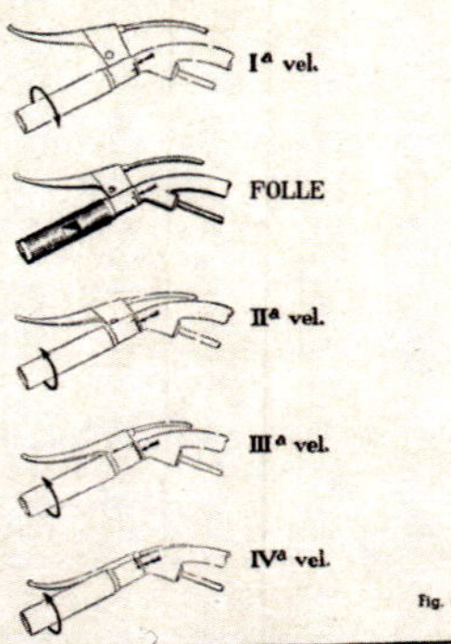

Fig. 9

Cambio marce - (vedi fig. 9). Per effettuare un cambio di marcia occorre anzitutto togliere gas, quindi azionare la leva di comando frizione e ruotare la manopola in modo che la freccia incisa sul manubrio indichi, tra i numeri incisi sulla manopola, quello corrispondente alla marcia che si vuole ingranare. Rilasciare quindi la frizione, gradualmente se si passa dalle marce superiori alle inferiori o di colpo se l'inverso, ridando immediatamente e dolcemente gas.

22 —

Per quanto riguarda le sospensioni, quella anteriore è la stessa montata sulla Vespa. La sospensione posteriore invece agisce su supporti indipendenti tramite biellette, a barre di torsione.

In terms of suspension set up, the front end was the same as fitted to the Vespa. The rear suspension was fitted to independent brackets by means of torsion bar struts.

THE '40s

The chassis consisted of a longitudinal beam with steel structural supports (electrically welded) to form a base for the cargo bed. The rear suspension was attached directly to this structure.
The front suspension, identical to the system fitted to the Vespa, was of the trailing link type. The rear suspension units were mounted on independent supports and were operated by means of shock absorbing links and corresponding torsion bars.
The brakes on all three wheels were independent. The front brake was operated by a lever on the right side of the handlebar and acted on a drum. The brakes on the rear wheels were controlled by a pedal on the floor of the cab and also acted on drums. In addition there was a parking brake, which acted on the differential by means of a lever on the right of the driver and used a hydraulic system.

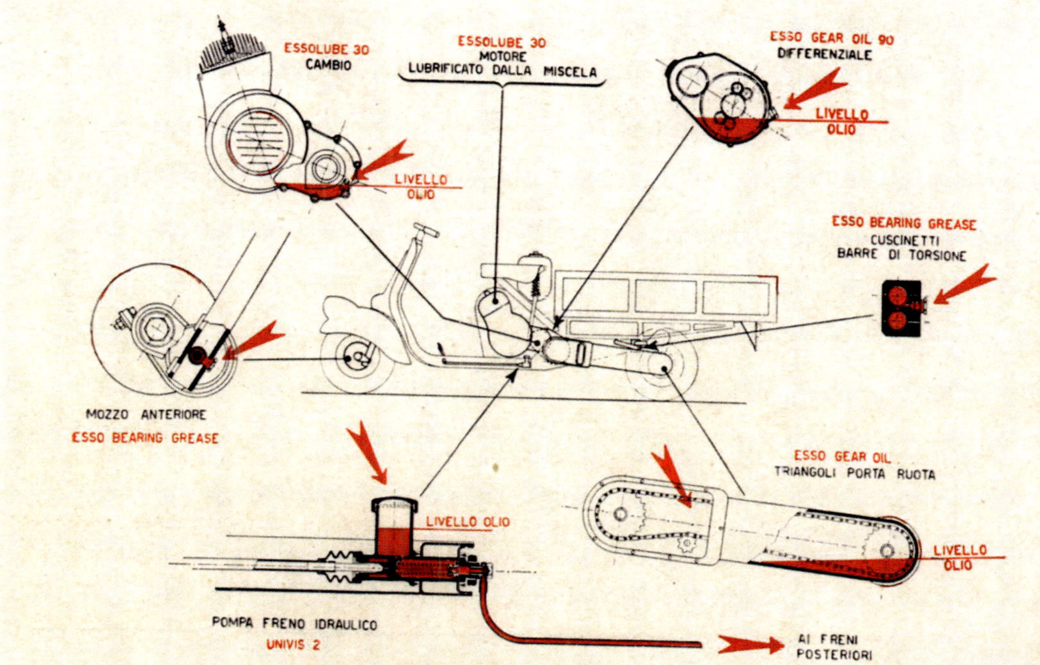

Fig. 18 - Schema della lubrificazione

ANNI '50

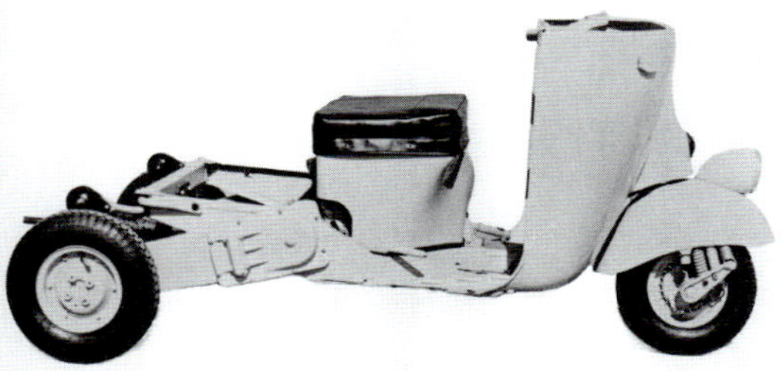

Tanti piccoli miglioramenti, nessuno stravolgimento del progetto. Cresce il comfort grazie ad ammortizzatori più efficaci, migliora anche la sospensione anteriore.

Numerous minor improvements, without making any fundamental changes to the original design. Comfort was improved thanks to the use of more efficient shock absorbers and the front suspension was improved at the same time.

Non cambia la configurazione di base, che mantiene la configurazione del longherone abbinato ai supporti del cassone. Migliorano invece gli ammortizzatori, che risultano più efficaci. Piccoli interventi anche al differenziale. La sospensione anteriore passa dal lato sinistro al destro ed è arricchita da una molla conica per risultare più efficace sui percorsi sconnessi. Decisamente migliorati sono i freni. I tamburi posteriori sono più efficaci grazie ad un maggior diametro.
A questo punto l'Ape si dimostra un prodotto maturo con le caratteristiche di base che resteranno a lungo in una configurazione pressoché invariata.

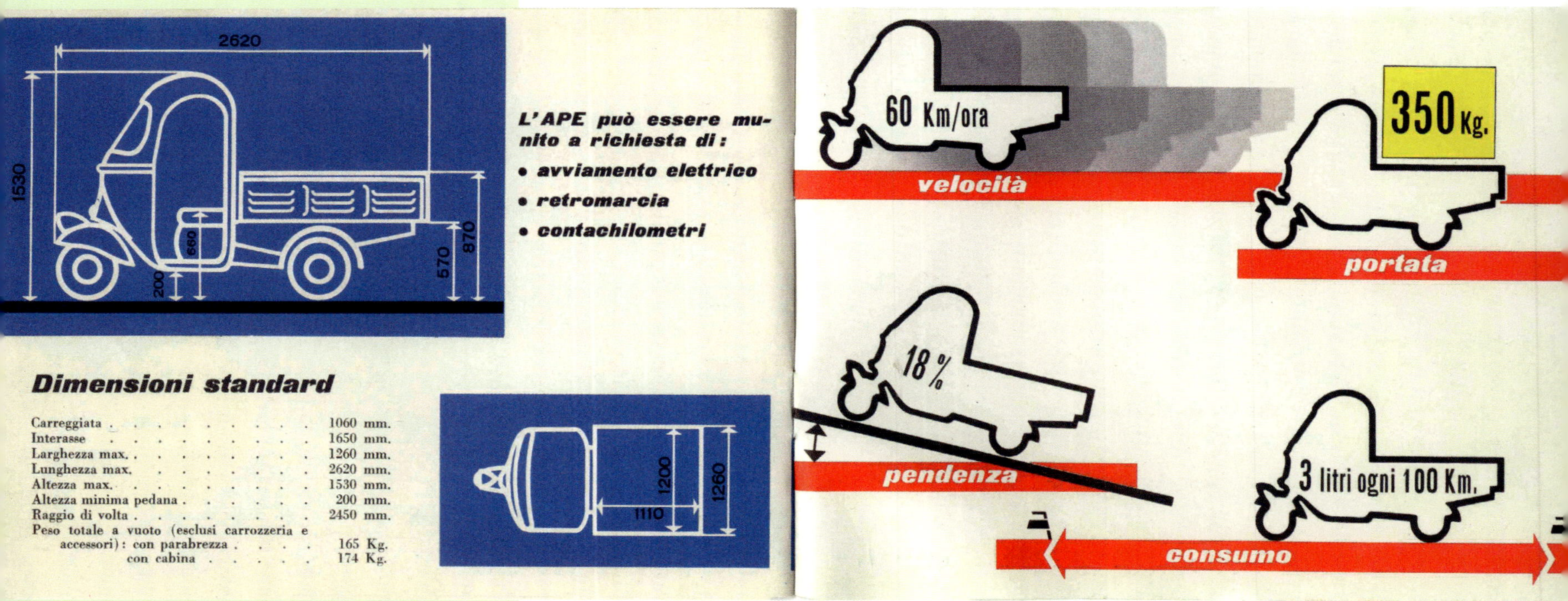

L'APE può essere munito a richiesta di:

- **avviamento elettrico**
- **retromarcia**
- **contachilometri**

Dimensioni standard

Carreggiata	1060 mm.
Interasse	1650 mm.
Larghezza max.	1260 mm.
Lunghezza max.	2620 mm.
Altezza max.	1530 mm.
Altezza minima pedana	200 mm.
Raggio di volta	2450 mm.
Peso totale a vuoto (esclusi carrozzeria e accessori): con parabrezza	165 Kg.
con cabina	174 Kg.

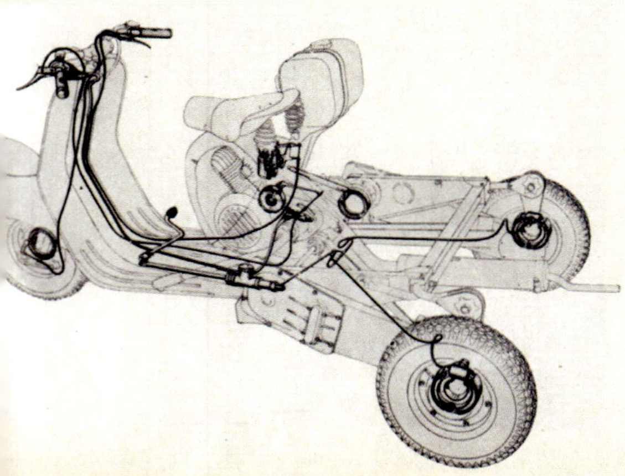

La frenata è più sicura grazie al maggior diametro dei freni a tamburo posteriori.

Braking was safer thanks to the increased diameter of the rear drums.

THE '50s

The basic configuration remained unchanged with a main beam and lateral bars supporting the cargo bed. The shock absorbers were improved, however, and were now much more efficient. Minor improvements were also made to the differential. The front suspension was moved from the left to the right-hand side and was improved with the addition of a tapered spring to make it more effective on uneven terrain. There were significant improvements to the brakes. The rear drums were made more efficient by increasing their diameter. By now the Ape was a mature product with proven features that would remain part of a virtually unchanging configuration for a long time.

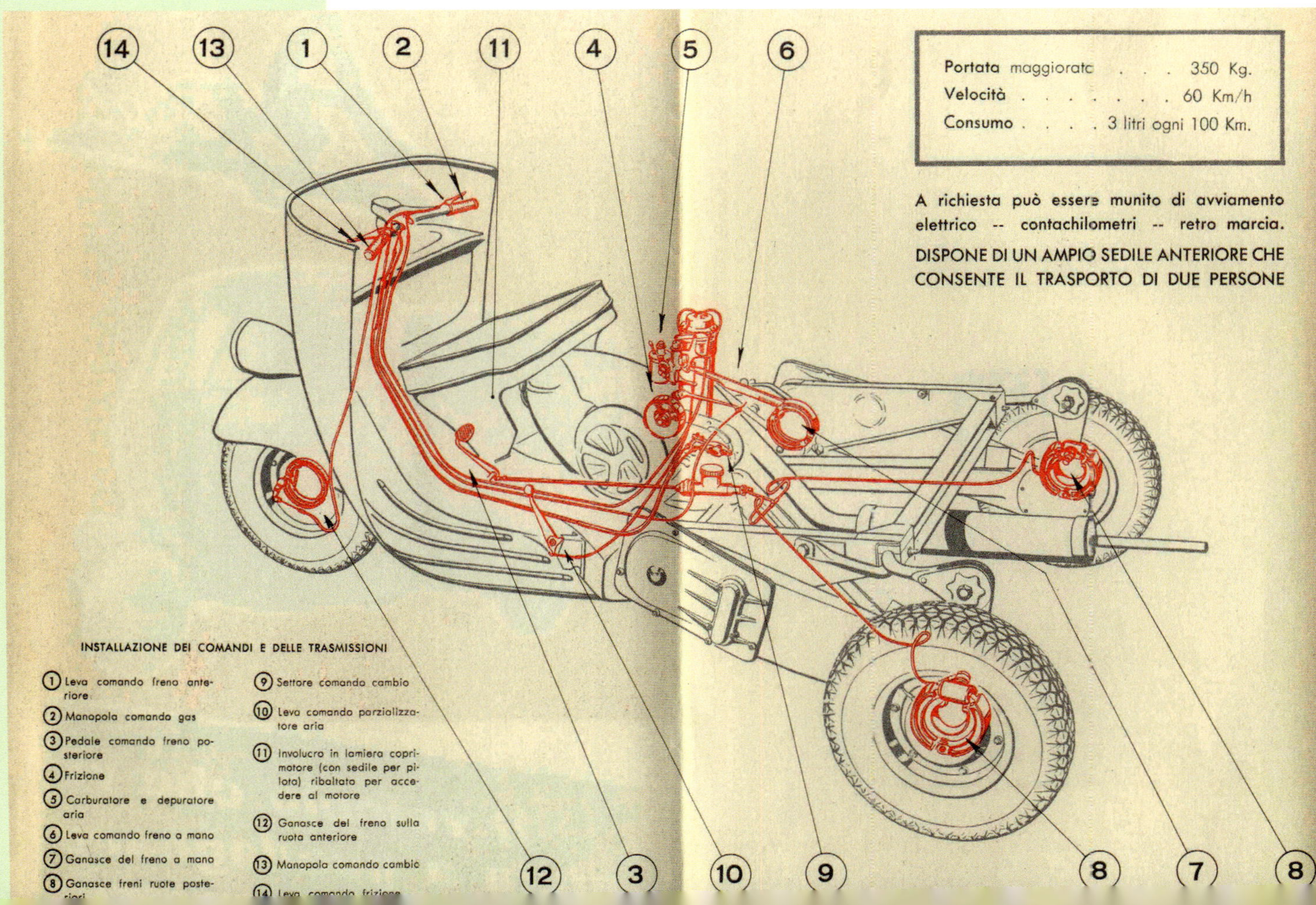

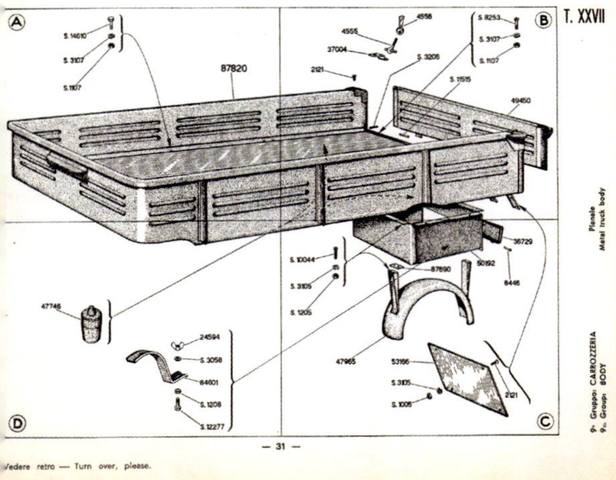

ANNI '60

Migliora la ciclistica grazie a sospensioni più efficaci, con supporti rinforzati e barre di torsione maggiorate. Modifiche anche agli ammortizzatori. Le ruote hanno i nuovi cerchi da 3" (anziché da 2.15"). Alcuni dettagli vengono modificati sulla base del nuovo Codice della Strada.
La carriera dell'Ape prosegue senza particolari stravolgimenti per quanto riguarda il comparto della ciclistica. Le soluzioni adottate inizialmente si rivelano perfettamente adeguate all'impiego del mezzo e nel corso della decade si operano solo interventi tesi a migliorare piccoli componenti.
Del tutto particolare è la serie Pentarò, caratterizzata da un rimorchio con due ruote aggiuntive.

Le quattro viste del Pentarò in un disegno tecnico della Casa.

The four views of the Pentarò in a technical drawing from the company's archives.

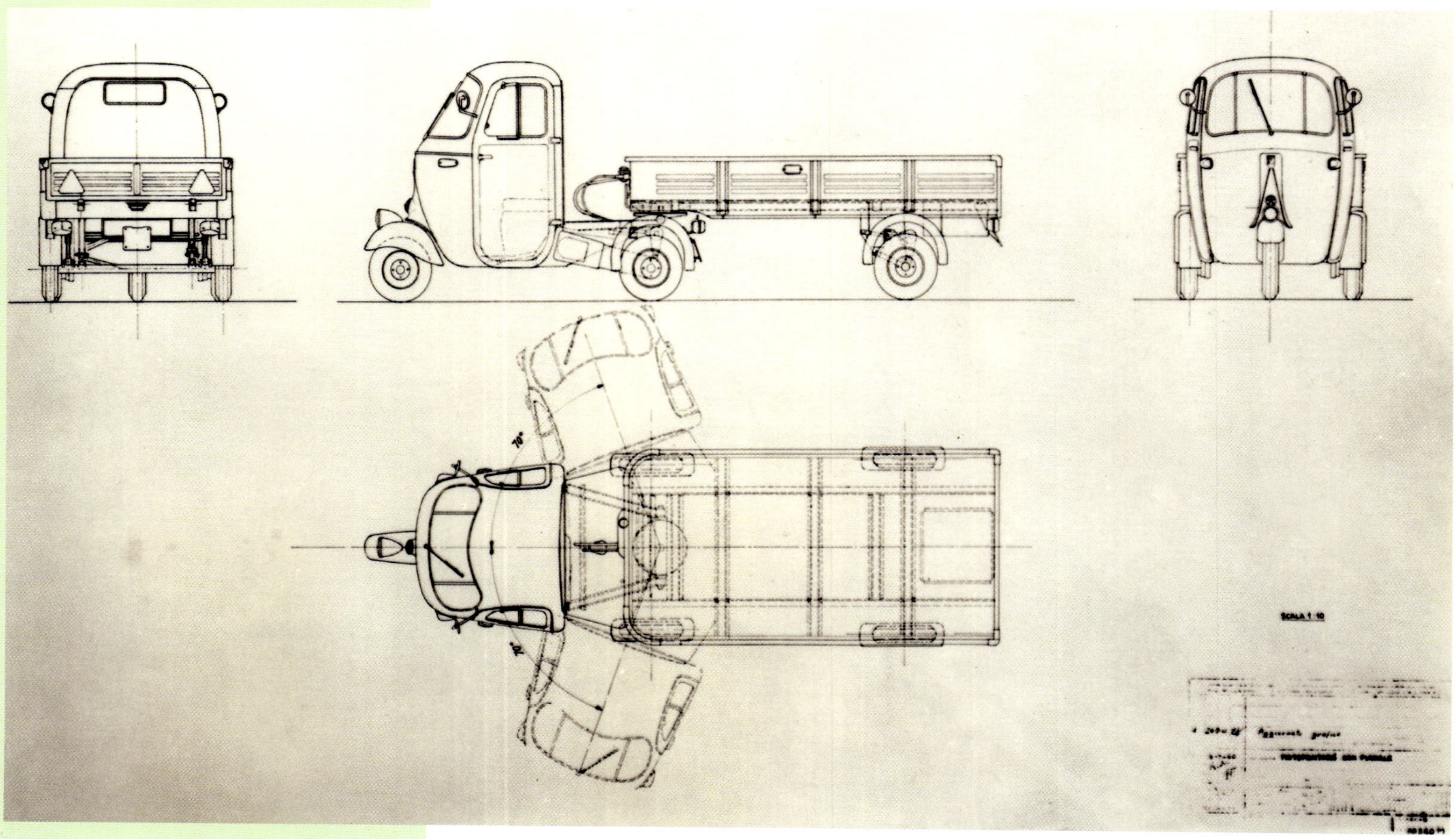

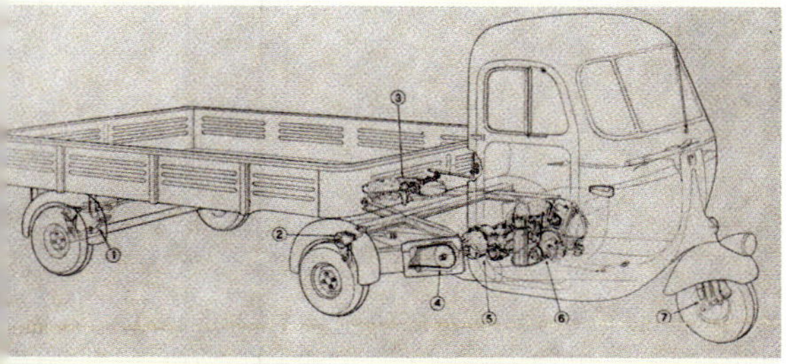

THE '60s

The chassis and its components were improved thanks to improved suspension with reinforced brackets and thicker torsion bars. The shock absorbers were also modified. The wheels were now fitted with 3" (rather than 2.15") rims. Certain parts were modified so that they complied with the new Highway Code. The Ape continued to be produced without any major changes as far as the chassis was concerned. The choices that were made at the beginning of its life proved to be perfectly suited to the use the vehicle was put to and only changes were made to minor components only during the '60s.
The Pentarò series was highly unusual and featured a two-wheeled trailer.

"Pentarò" viene dalla contrazione di due parole: "Penta" (in greco: cinque) e "Rò" (da ruota). È un veicolo a suo modo rivoluzionario: non esistono altri mezzi di queste dimensioni capaci di trasportare carichi fino a 700 kg.

"Pentarò" came from the contraction of two words: "Penta"(five in Greek) and "Rò" (from ruota or wheel). In its way it was a revolutionary vehicle: there were no others of this size capable of carrying loads of up to 700 kg.

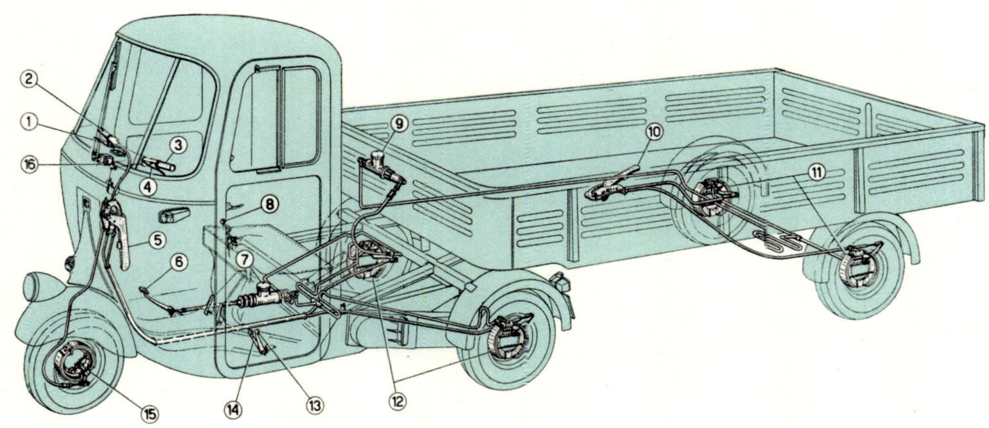

L'Apecar si guida come un'automobile: ha in comune il volante (alla pagina a fianco) e la pedaliera. Rispetto al modello "classico" questo Ape è straordinariamente innovativo.

The Apecar drives like a car with a steering wheel (on the facing page) and normal pedals. Compared with the "classic" model this Ape was extraordinarily innovative.

ANNI '70

La nuova serie MP (Motore Posteriore) introduce cambiamenti radicali di notevole importanza. La nuova distribuzione dei pesi consente infatti un netto miglioramento nella guida e aumenta decisamente il comfort in cabina. Il telaio prevede ora due travature, a struttura scatolata. La cabina è saldata direttamente alle travature del telaio stesso per incrementare la robustezza e ridurre la trasmissione delle vibrazioni. Il pianale di carico è sostenuto da una coppia di traversine. Le ruote posteriori sono dotate di ammortizzatori idraulici a doppio effetto, abbinati ad una molla a sezione variabile. I freni hanno il comando idraulico. Il serbatoio e il bocchettone sono esterni.

Nel 1972 il vero colpo di scena: nasce l'Apecar. Il telaio che fa da scocca portante è di tipo integrato ed è costituito da due travature scatolate. Il peso, nei confronti del modello MP, è più contenuto pur garantendo una superiore robustezza. Nuova è la sospensione anteriore, ora costituita da un ammortizzatore coassiale con la molla. Anche la sospensione posteriore è rinnovata ed impiega un ammortizzatore idraulico con tampone di gomma a rigidità variabile. I freni hanno il comando idraulico mentre il freno di stazionamento mantiene il comando meccanico.

La gamma si amplia con l'introduzione della nuova serie 50. Piccole dimensioni, grande efficacia.

In questa decade si registra un salto generazionale per quanto riguarda il telaio. Viene abbandonata la struttura precedente per passare ad una nuova configurazione che prevede una doppia travatura a struttura scatolata. La cabina stessa è saldata direttamente alle travature.

Over this ten year period there was a quantum leap in the design of the chassis. The old configuration was abandoned for a new one using a double box section beam. The cab was now welded directly onto the beams.

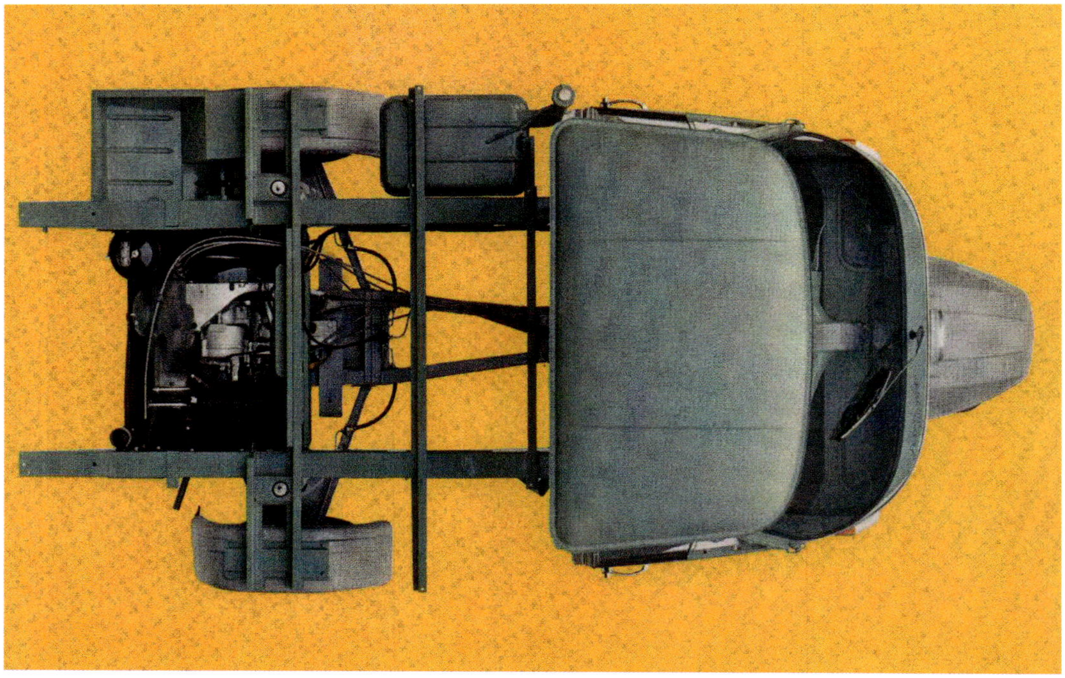

Progettazione modernissima quella per l'Apecar: rispetto al modello MP il telaio è più robusto e contemporaneamente più leggero.

Particularly modern styling for the Apecar: with respect to the MP model, the chassis was both stronger and lighter.

THE '70s

The new MP (Motore Posteriore - Rear Engine) series introduced some radical changes of considerable importance. The new weight distribution allowed for a marked improvement in ride quality and a significantly more comfortable cab. The chassis now had two box section beams. The cab was welded directly onto the chassis members to increase strength and reduce the transmission of vibration. The cargo platform was supported by a pair of cross-members. The rear wheels were equipped with double-acting hydraulic shock absorbers, combined with a variable diameter spring. The brakes were hydraulically operated. The tank and the fuel filler were accessible from the exterior.
The real change came in 1972 with the introduction of the Apecar. The chassis now became an integrated load-bearing shell and consisted of two box-section beams. Compared to the MP model, the chassis was both lighter and stronger. The front suspension was new and now consisted of a spring-over damper. The rear suspension was also updated and used a hydraulic shock absorber with a rubber bump stop of variable rigidity. The brakes were hydraulically actuated, while the parking brake was still mechanically operated.
The range was extended with the introduction of the new 50 cc series. Small but efficient.

Grande rivoluzione con la serie Apecar, con la cabina integrata e la struttura a scocca portante. Si riduce il peso, aumenta la robustezza. Deciso miglioramento anche per le sospensioni (sia anteriore sia posteriore) e per i freni (con il comando idraulico).

A revolution in the design of the Apecar with an integrated load-bearing cab. Weight was reduced while strength was increased.
A decisive improvement in the suspension too (both front and rear) and the brakes (now hydraulically operated).

ANNI '80

La grande novità è rappresentata dalla versione con motore elettrico, l'Elettrocar. Se l'unità motrice è totalmente nuova non cambia invece la configurazione telaistica. Non potendo contare sull'effetto del freno motore, l'impianto frenante viene potenziato. Per quanto riguarda la ciclistica non vengono effettuati cambiamenti di rilievo, il progetto è perfettamente aggiornato per i compiti che deve svolgere nonostante siano ormai passati svariati anni dalla sua introduzione.

Ruote e freni ricevono negli anni pochi interventi, si dimostrano perfettamente dimensionati per il compito che devono svolgere. Ha freni più potenti l'Ape in versione elettrica, che non può contare sul freno-motore.

Few changes were made over the years to the wheels and brakes, which proved to be perfectly dimensioned for the task they were asked to perform. The electric version of the Ape has more powerful brakes, not being able to count on engine-braking.

In questo decennio si registrano solo modifiche di dettaglio, il progetto ora è perfettamente aggiornato anche per gli impieghi più gravosi.

Over the next ten years there were only minor detail changes as the overall design was considered perfect for the most demanding tasks it was required to perform.

Rispetto agli altri modelli, la versione Elettrocar vede potenziato l'impianto frenante dato che non può contare sull'effetto freno-motore.

With respect to the other models, the Elettrocar was fitted with more powerful brakes as there was no engine-braking effect.

THE '80s

The most significant new entry was the elettrically powered Elettrocar. Even though the power plant was completely new the chassis configuration was unchanged. As there was no engine braking, the brake system had to be uprated. As far as the chassis was concerned no great changes were made. The design was perfectly adequate for the tasks that the vehicle was required to perform even though many years had gone by since its introduction.

Una rivoluzione in famiglia: l'Ape a tre ruote è affiancato dal Poker a quattro ruote.

A revolution in the Ape family: the three-wheeled Ape was joined by the four-wheeled Poker.

ANNI '90

La grande evoluzione di questi anni vede come protagonista il motore, ora disponibile anche in versione a quattro tempi Diesel. Cambia invece poco dal punto di vista della ciclistica, i nuovi modelli riprendono lo stesso schema costruttivo utilizzato dalle versioni precedenti.

Nasce piuttosto un veicolo che si affianca alla normale produzione... ma ha quattro ruote. Denominato Poker, si rivela particolarmente adatto per il trasporto di carichi molto elevati.

THE '90s

The most significant development during the '90s was the engine, with a four-stroke Diesel now available. On the other hand, few changes were made to the chassis – the new models reprised the same design used on previous versions. A newcomer was added to the standard range… but it had four-wheels. The Poker as it was called proved to be particularly useful when very heavy loads needed to be carried.

Fin dall'inizio della sua carriera l'Ape si dimostra eccezionalmente versatile. E se non bastano le versioni di serie si possono sempre allestire le versioni speciali.

From the outset, the Ape had demonstrated exception versatility. Should the standard models not meet requirements, special versions could always be prepared.

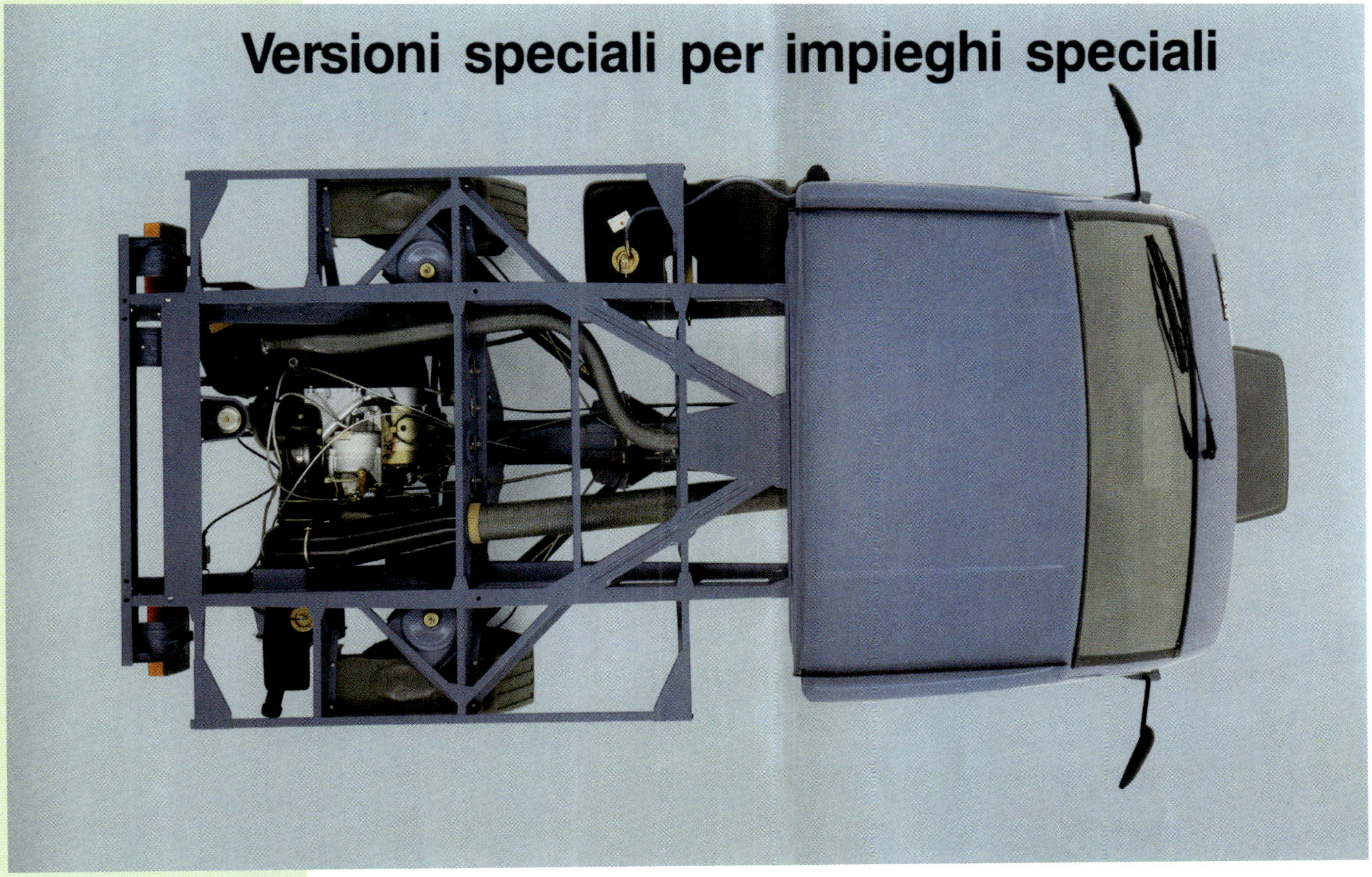

ANNI 2000

La configurazione telaistica è ormai perfettamente adeguata e non necessita di particolari interventi strutturali. In questi anni le modifiche più consistenti riguardano in realtà la configurazione del mezzo per meglio adattarlo alle diverse esigenze. Sono molte le aziende artigianali che utilizzano l'Ape per esporre i propri prodotti ed ogni impiego si rivela un caso a sé a seconda delle merci commercializzate: dalla frutta ai gelati, dal vestiti agli accessori di moda.
Tra tutti mezzi realizzati spicca, naturalmente il Calessino con la sua capote e le portiere in tela. Per lui si apre addirittura la porta del Quirinale.

La versione per il Quirinale: l'Ape più bello, più raffinato ed elegante che sia mai stato costruito.

The version for the Quirinale: the most beautiful, sophisticated and elegant Ape ever built.

THE 2000s

The chassis configuration was by now well established and did not require any particular structural interventions. In this period, the most significant modifications actually concerned the general configuration of the vehicle to better adapt it to the diverse demands. Numerous small businesses were using the Ape to present their goods and each individual firm was a case apart, depending on the products on offer: from fruit to ice cream, from clothes to fashion accessories.
Among the various versions produced, the Calessino with its canvas hood and doors naturally caught the eye, with even the doors of the Quirinale being opened to it.

Ormai anche la cabina non ha nulla da invidiare rispetto a quella delle utilitarie. Il comfort è notevole, la strumentazione è completa e di facile lettura.

The cab now matches up to the interiors of utility cars. The level of comfort is notable, the instrumentation is comprehensive and easy to read.

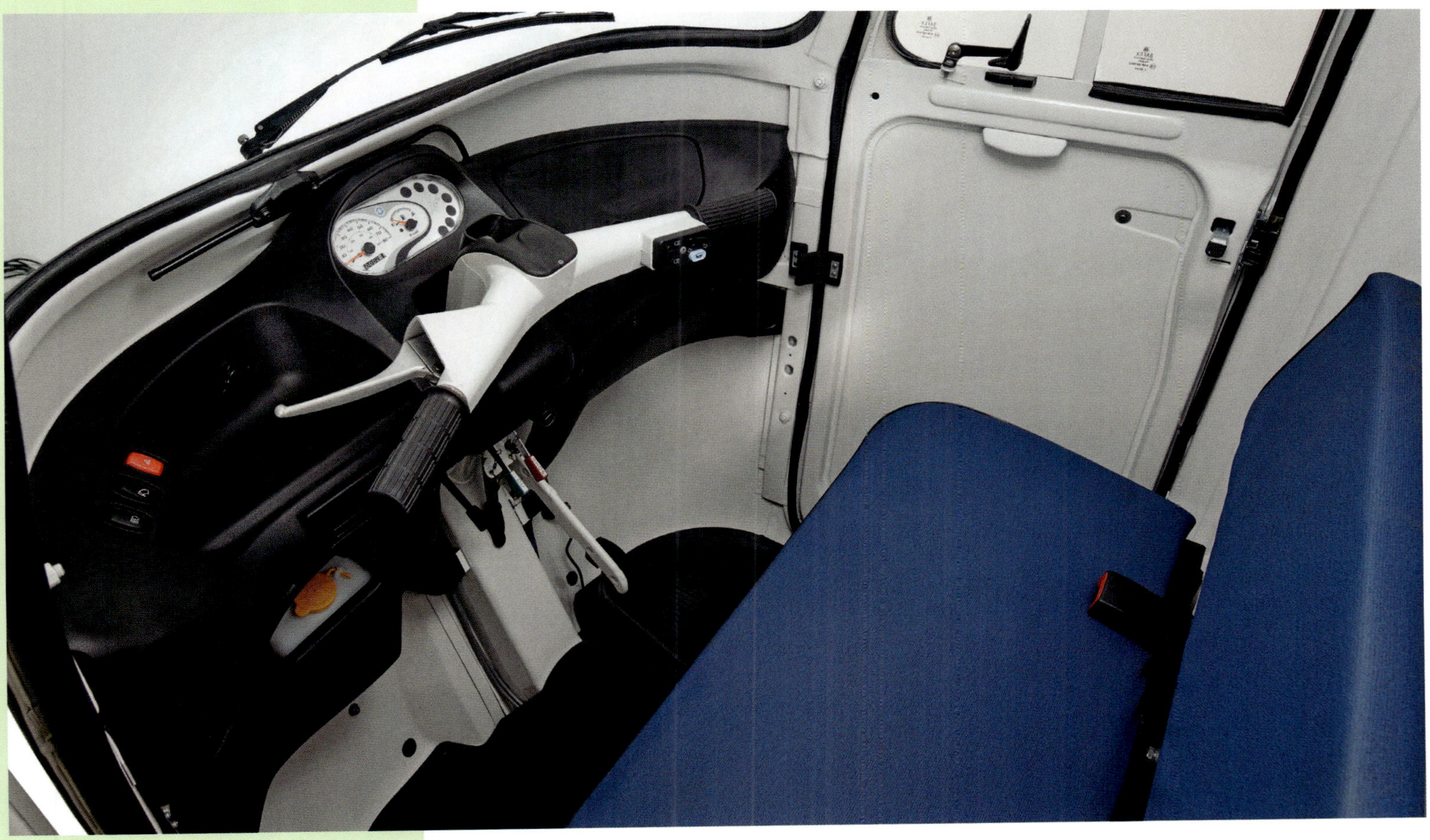

ANNI 2010

Prosegue con sempre maggior consistenza la vita "on the road" presentando allestimenti fantasiosi e creando un business unico e inimitabile. Nel 2017 viene effettuato un aggiornamento estetico per rendere sempre più attuali e aggiornati sia la plancia strumenti sia il frontale con nuove cornici per i fari e un parafango più slanciato. L'Ape ha ormai raggiunto da tempo la sua piena maturità, il progetto non necessita di alcun intervento degno di nota per migliorare la sua perfetta configurazione telaistica. La robustezza del telaio viene messa costantemente alla prova negli impieghi più gravosi senza mai manifestare alcun segno di cedimento.

In questi anni l'Ape riceve solo piccoli interventi stilistici che lo rendono sempre più aggiornato nel *look*.

In recent years the Ape has received on minor stylistic modifications that keep its look up to date.

THE 2010s

Life "on the road" proceeded apace with imaginative versions succeeding creating a unique and inimitable business. 2017 saw a restyling operation that updated both the dashboard and the front panel, with new headlight bezels and a sleeker mudguard.
For some time now the Ape has reached full maturity; the project no longer needs any significant modification to improve its perfect structural configuration. The robustness of the chassis is constantly put to the severest of tests but the vehicle never complains.

Uno dei pochi elementi che differenzia i modelli è dato dalla misura della ruota anteriore: con quella di diametro minore si può effettuare un'inversione di marcia nel classico fazzoletto.

One of the few elements that differentiated the models was the size of the front wheel: the version with the smaller diameter could turn on the proverbial sixpence.

LO STILE

STYLING

Più semplice non si può: la prima motocarrozzetta è una Vespa con il calessino appresso.

It could hardly be simpler: the first three-wheeled commercial vehicle was a Vespa with a cart attached to the back.

ANNI '40

La configurazione del modello A è molto semplice. Si tratta in pratica di una Vespa che sostituisce la parte posteriore con un cassoncino. Nessuna concessione alla forma, si bada solo alla funzione. Lo stesso cassone deve risultare il più possibile economico, quindi viene realizzato in legno (faggio e masonite). Le varianti a questa tipologia prevedono diversi tipi di cassone, che può essere di tipo aperto oppure chiuso.

L'allestimento può essere completato con un parabrezza in plastica trasparente oppure con un riparo costituito da un traliccio metallico con vetro in plexiglas. L'eventuale tergicristallo va azionato manualmente. La portata è di 200 kg.

Ma non ci sono solo le merci: esiste anche la versione motocarrozzetta per il trasporto di passeggeri. In questo caso la struttura portante è ancora in legno ma migliorano le finiture. Non manca la capote di tela, richiudibile e asportabile.

Per quanto riguarda l'illuminazione, il fanale è posto sul parafango anteriore proprio come sulla Vespa.

Fin dall'inizio sono stati previsti vari tipi di allestimento.

Several versions were provided for from the outset.

Motofurgone 'Ape„ con cassoncino aperto cabina e copertura

Motofurgone "Ape„ con cassoncino chiuso tipo Giardinetto

THE '40s

The configuration of the A model was very straightforward. To all intents and purposes it was a Vespa with the rear end replaced by a cargo bed. There were no concessions to form, it was all about function. The cargo bed also had to be as inexpensive as possible and was therefore made of wood (beech and fibre-board). There were different versions of the cargo bed, which could be supplied as open or closed.

The vehicle could be equipped with a transparent plastic windshield or a shield made of a metal frame with Plexiglas glazing. If a windscreen wiper was fitted it was manually operated. The payload was 200 kg.

However, there were not only goods vehicles. There was also a version called the Motocarrozzetta designed to carry passengers. In this case, the load-bearing structure was still made of wood, but the finish was improved. And of course there was a fabric roof, which could be folded away or removed.

As far as lighting was concerned, the headlight was mounted on the front mud-guard just like on the Vespa.

La versione con il cassone aperto è tra le più richieste perché consente di trasportare anche colli di notevoli dimensioni.

The version with the open cargo bed was among the most popular as it allowed very large packages to be carried.

Un notevole passo avanti in fatto di comfort: adesso il guidatore è protetto da una cabina.

A significant step forward in terms of comfort: the driver was now protected by a cab.

ANNI '50

La struttura di base nel passaggio dal modello A al modello B non cambia ma la Vespa si intravede un po' meno. L'allestimento infatti prevede spesso un tettuccio metallico che tanti clienti richiedono al momento dell'acquisto. Così dotato, il mezzo diventa maggiormente sfruttabile anche in climi rigidi o con il tempo inclemente rendendolo sempre più versatile. La linea della piccola cabina è arrotondata e costituisce un secondo elemento di posizionamento per le insegne pubblicitarie oltre a quelle poste sulle fiancate del cassoncino.

Quest'ultimo è ormai di tipo metallico e sostituisce sempre più spesso la versione in legno.

A metà di quel decennio esce il modello C che rivoluziona completamente il *look*. Si presenta infatti dotato di una cabina vera e propria montata di serie, aperta sui lati solo per consentire l'accesso alla guida. Per la prima volta si possono scegliere quattro diverse versioni: Furgoncino con cabina, Calessino, Parabrezza e furgoncino, Parabrezza e ribaltabile.

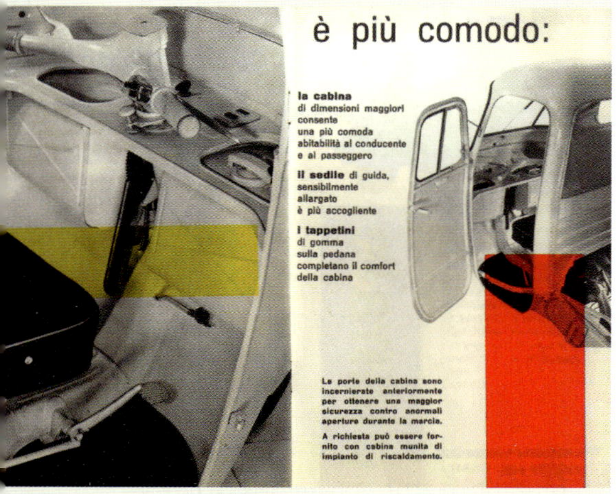

Il metallo ha sostituito il legno: ora il cassone è costituito da lamiere di acciaio.

Metal took the place of wood: the cargo bed was now made of sheet steel.

THE '50s

In the transition from the A to the B models, the basic structure remained unchanged but the Vespa was a little less visible. Available extras included a metal roof that many customers requested when they bought the vehicle. Thus equipped, the vehicle became more useable even in harsh climates or inclement weather, making it even more versatile. The lines of the small cab became more rounded and provided users with a second location on which to place advertising signs, in addition to those located on the sides of the cargo bed.
The latter was now made of metal and more often than not replaced the wooden version.
The Model C was introduced in the mid-Fifties and completely revolutionized the look of the vehicle. It was now equipped with a proper cab fitted as standard, open on both sides to allow easy access to the driver's seat. For the first time you could choose between four versions: van with cab, Calessino, windscreen and van, windscreen and tipper.

ANNI '60

La cabina è sempre più confortevole, adesso è equipaggiata con le portiere.

The cab was becoming ever more comfortable and was now fitted with doors.

Si diffonde sempre più la versione furgoncino del modello C con cabina. La possibilità di esporre un marchio sulle fiancate viene apprezzata da una larga parte della clientela commerciale. La cabina diventa più confortevole e viene completata dalle portiere (incernierate prima posteriormente, poi anteriormente). All'inizio della decade il fanale si trova ancora posizionato sul parafango anteriore, a partire dal 1964 con il modello D e il successivo E viene poi collocato al centro del frontale della cabina e conferisce un *look* più moderno. Nella seconda metà della decade viene introdotto il parafango anteriore fisso, un altro elemento stilistico che contribuisce a rendere più slanciata la linea del mezzo. Il fanale viene leggermente spostato verso il basso e inglobato nella mascherina verticale posta al centro del frontale della cabina. Decisamente originale è il modello Pentarò, dotato di rimorchio a due ruote. Il rimorchio stesso può essere aperto oppure cabinato. Si tratta di un mezzo originalissimo, che riesce a svolgere compiti altrimenti impossibili. Il fanale è posto sul parafango anteriore nella prima serie (150), poi viene posizionato sul frontale della cabina nella seconda serie (175).
A partire dal 1967, il marchio si rinnova con un nuovo logo aziendale: al posto del noto rettangolo verticale con la diagonale che divide i campi blu e azzurro compare il nuovo disegno costituito da un esagono a fondo blu con una doppia P al centro. Il design è dell'architetto De Silva di Torino.

Il fanale si sposta dal parafango al centro del frontale e l'Ape assume un'estetica più moderna.

The headlight was shifted from the mudguard to the centre of the front panel and the Ape took on a more modern appearance.

Poter guidare il mezzo completo di cabina amplia l'utilizzo dell'Ape in ogni condizione climatica.

The Ape fitted with a cab meant that it could be used in all sorts of weather.

Il comfort è migliorato, la rumorosità ancora no. Il motore si trova vicino al guidatore che è quindi soggetto a rumore e vibrazioni.

Comfort was improved but noise levels stayed the same. The engine was near the driver who was therefore subjected to noise and vibration.

THE '60s

The van version of the C model with a cab became increasingly popular. The possibility of displaying a brand on the sides was greatly appreciated by a large number of business customers. The cab had become more comfortable and was completed with the addition of doors (hinged first at the rear, then at the front). In the early Sixties, the headlight was still mounted on the front mudguard, but starting in 1964 with the D model and the later E model, it was then located in the centre of the cab front panel, giving it a more modern look. Halfway through the sixties a fixed front mudguard was introduced, another stylistic feature that helped to make the line of the vehicle look slimmer. The headlight was moved downwards slightly and integrated in the vertical grille in the middle of the front panel of the cab.
The Pentarò model was decidedly original and was equipped with a two-wheeled trailer. The trailer itself was available in two versions, open or with a cab. This was an extremely original vehicle, able to perform otherwise impossible tasks. The headlamp was fitted to the front mudguard in the first series (150), but was later mounted on the front panel of the cab in the second series (175). From 1967 onwards, the brand was refreshed with a new company logo designed by De Silva from Turin: in place of the familiar vertical rectangle with a diagonal line separating the dark and light blue areas the new design featured a hexagon with a blue background.

ANNI '70

L'estetica riprende il *look* che ha preso il via nella decade precedente e viene estesa ai rinnovati modelli della serie MP (Motore Posteriore). La cabina è raccordata con il parafango anteriore, di tipo fisso. Il fanale si trova posizionato sul raccordo tra la cabina e il parafango stesso nella mascherina verticale. Un'importante novità compare all'interno della cabina stessa: è presente il volante, che può essere richiesto in alternativa al classico manubrio per rendere sempre più confortevole l'utilizzo del mezzo. La cabina è poi notevolmente migliorata, il parabrezza più ampio garantisce una maggiore visibilità, serbatoio e bocchettone sono esterni. I fanali sono due, posti ai lati del frontale.

Ma il vero colpo di scena spetta alla versione Ape Car, un modello rivoluzionario che integra la cabina con il furgone inglobando la ruota anteriore. I due fari sono in posizione abbassata e presentano gli indicatori di direzione integrati. La cabina è insonorizzata e la seduta è dotata di una generosa imbottitura. L'Ape Car è disponibile anche in versione pianale.

Non c'è confronto tra l'Ape tradizionale e l'Ape Car.

There was no comparison between the traditional Ape and the Ape Car.

L'Ape Car, con la sua cabina sviluppata anteriormente fino a inglobare la ruota anteriore, fa invecchiare precocemente tutte le serie precedenti.

The Ape Car, with the cab extending further forward to enclose the front wheel, made its predecessors look old-fashioned.

Nessuno si sarebbe aspettato un mezzo tanto moderno: con l'Ape Car la Piaggio sorprende tutti.

Nobody would have dreamed that the vehicle would look so modern: Piaggio surprised everyone with the Ape Car.

THE '70s

The styling reprised the look that had been initiated in the previous decade and was extended to the revised MP series (Motore Posteriore - Rear Engined) models. The cab was now integral with the fixed front mudguard. The headlight was mounted on the link between the cab and the front mudguard in the vertical grille. A significant new feature appeared inside the cab itself: there was now a steering wheel which could be ordered as an alternative to the traditional handlebar as a way of making use of the vehicle more convenient. The cab was very much improved with a wider windscreen ensuring greater visibility, while the tank and filler pipe were on the outside now. There were now two headlights, located on either side of the front panel.
However, the true innovation came with the Ape Car, a revolutionary model that integrated the cab with the rest of the van bodywork, incorporating the front wheel as well. The two headlamps were mounted lower down and featured integrated indicators. The cab was soundproofed and the driver's seat was generously padded. The Ape Car was also available with a flat bed.

Sempre più "automobile": adesso c'è anche il volante.

Ever more of an "automobile", it now featured a steering wheel.

ANNI '80

Per l'estetica dei nuovi modelli siglati TM interviene uno dei massimi stilisti italiani: Giorgetto Giugiaro. Il *look* è d'autore, caratterizzato da linee tese e forme squadrate. Il frontale è quasi piano, il parafango anteriore riprende la linea a becco. Le portiere sono particolarmente ampie. Una mascherina trasversale collega i due fanali. La cabina racchiude parzialmente la ruota anteriore. Al motore si può comodamente accedere grazie ad una botola posizionata nel piano di carico. L'interno si avvicina a quello tipico delle autovetture, con un nuovo cruscotto particolarmente completo e ben leggibile. Il TM è disponibile sia con il classico manubrio sia con il volante. Per rendere il mezzo sempre più versatile sono disponibili vari accessori forniti su richiesta. Griglia di protezione per la cabina, sovrasponde ribaltabili, semisponde ripiegabili a libro, sponde in lega leggera e portapacchi predisposto anche per pali e tubi.

Giorgetto Giugiaro

Sette lauree *ad honorem*, sei Compasso d'Oro, tre Auto dell'Anno, due Volante d'Oro: una favolosa serie di riconoscimenti che fanno di Giorgetto Giugiaro il più importante *designer* del Novecento. Così ha stabilito una giuria di 120 esperti, che si è riunita a Las Vegas nel 1999. D'altra parte, la carriera di Giugiaro parla chiaro.
Il *designer* nasce a Garessio (Cuneo) nel 1938 e nel 1952 si trasferisce a Torino. A 17 anni viene assunto al Centro Stile della Fiat, per poi passare nel 1952 alla Bertone e nel 1965 alla Ghia. Nel 1968 il grande salto imprenditoriale: Giugiaro fonda la Italdesign. L'elenco delle vetture, sia prototipi sia di serie, che escono dalla sua matita è sconfinato. Tra i modelli di maggior successo: Alfa Romeo Giulia GT (1963), Volkswagen Golf (1974), BMW M1 (1978), Lancia Delta (1979), Fiat Panda (1980), DeLorean DMC (1981), Fiat Uno (1983).
Ma non ci sono solo le auto: la creatività di Giugiaro si esprime anche sugli interni degli aerei Airbus, sul *look* delle macchine fotografiche Nikon, sugli arredi degli yacht e sugli arredi urbani.
Nel 2010 la Volswagen acquisisce il 90% del controllo della Italdesign per poi passare al 100% nel 2015.

Seven honorary degrees, six Compasso d' Oro awards, three Cars of the Year, two Volante d' Oro prizes: a fabulous series of awards that make Giorgetto Giugiaro the most important designer of the 20th century. This was the verdict of a jury of 120 experts that convened in Las Vegas in 1999.
In any case, Giugiaro' s career speaks for itself. The designer was born in Garessio (Cuneo) in 1938 and moved to Turin in 1952. At the age of 17 he was taken on at the Fiat Styling Centre, before moving to Bertone in 1952 and to Ghia in 1965. In 1968, he took the plunge and ventured out on his own when he founded Italdesign. The list of cars, both prototypes and production models, that came from his hand is endless. The most successful include: Alfa Romeo Giulia GT (1963), Volkswagen Golf (1974), BMW M1 (1978), Lancia Delta (1979), Fiat Panda (1980), DeLorean DMC (1981), Fiat Uno (1983). But there were not just cars: Giugiaro' s creativity can also be seen in the interiors of Airbus aircrafts, the look of Nikon cameras, the interior design of yachts and street furniture.
In 2010, Volkswagen acquired a 90% holding in Italdesign, which was then increased to 100% in 2015.

THE '80s

One of the greatest Italian designers, Giorgetto Giugiaro, was consulted on the styling of the new TM models. The look was typical of the designer, consisting of taut lines and square shapes. The front end was almost flat, the front mud-guard resembling a beak. The doors were particularly wide. A grille extending from one side of the front panel to the other, linked the two headlights. The cab partially concealed the front wheel. Access to the engine was very easy thanks to a trap door fitted to the cargo bed. The interior was similar to that of a typical car with a new dashboard that was extremely well-equipped and easy to read. The TM was available with either the classic handlebar or a steering wheel. In order to make the vehicle as versatile as possible, various accessories were available on request. A protective grille for the cab, foldable side panels and a luggage rack that could also carry poles and pipes.

Linee tese e squadrate rendono l'Ape sempre più attuale. Il merito è della matita di Giorgetto Giugiaro.

Taut, square-cut lines made the Ape look really up to date. This was thanks to the hand of Giorgetto Giugiaro.

ANNI '90

Proseguono praticamente invariati dal punto di vista stilistico (solo un leggero *face lifting*) sia i modelli a benzina sia i modelli Diesel. Questi ultimi hanno come "top di gamma" il modello Max, con la portata massima di ben 900 Kg. Il Max si distingue da tutti gli altri per la notevole lunghezza del pianale (il cui totale è di ben 3,6 metri) e per le ruote di maggior diametro (4.00").
In questa decade l'Ape non riceve particolari aggiornamenti anche perché inizia la commercializzazione di un nuovo modello denominato Poker, in pratica un Ape a quattro ruote. Con questa serie si cerca di allargare il campo a chi si rivolge ad altri veicoli, più stabili e di maggiori dimensioni. La guida, naturalmente, è a volante e si fa di tutto per rendere l'esperienza della guida il più possibile automobilistica.

Per chi ama l'Ape, il Poker non rappresenta una vera alternativa. Le dimensioni maggiori e la quarta ruota consentono carichi superiori ma è difficile rinunciare all'assoluta semplicità dell'Ape in versione "classica".

For those who love the Ape, the Poker is not really a true alternative. The larger dimensions and the fourth wheel permit larger loads, but it is hard to give up the absolute simplicity of the "classic" Ape.

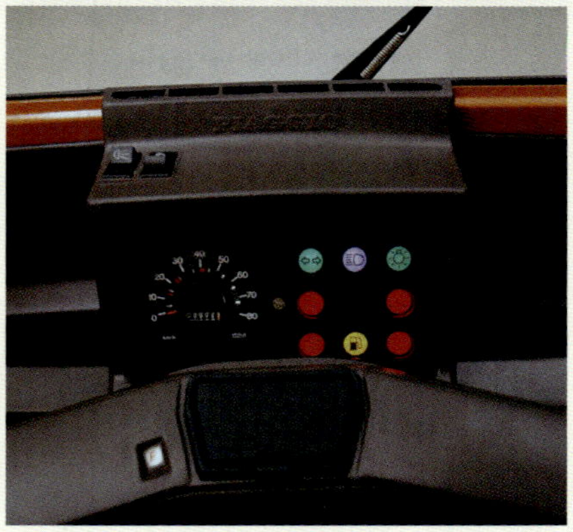

THE '90s

The petrol-engined and Diesel models continued almost unchanged from the point of view of styling, apart from a mild facelift. The flagship Diesel model was the Max, with a payload of 900 kg. The Max differed from all the others by the considerable length of the cargo bed (the total length was 3.6 metres) and for its larger wheels (4.00").

In the '90s the company did not make any significant changes to the style of the Ape because a new model called the Poker, which was practically a four-wheeled Ape, was put on sale. This series was aimed at people who were looking at other more stable and larger vehicles. Steering was of course by steering wheel and every attempt was made to make driving them as close as possible to driving a car.

Ormai il progetto ha raggiunto la perfezione. Difficile fare di meglio, si interviene solo nei dettagli.

The project had now been perfected. It was difficult to improve on and only details were modified.

ANNI 2000

Spicca il modello Classic, caratterizzato da una vistosa fascia di plastica grigia in rilievo estesa sul frontale tra i due fari e notevolmente sviluppata in altezza. Si notano linee più arrotondate sia per il parafango anteriore sia per i parafanghi posteriori. La colorazione può essere bicolore (nel modello di serie) oppure in tinta unita (nei modelli con allestimenti speciali).

Fascia frontale di notevoli dimensioni anche per il modello 50 Cross Country. E, sempre sulla base del modello 50, viene allestita una serie speciale, di soli 99 esemplari, denominata Mad Cow per la sua originalissima colorazione da mucca pezzata.

Nel 2009, per festeggiare il 40° anniversario del modello 50, viene allestito un modello speciale in versione limitata di appena 100 pezzi. Si tratta della versione Cross Country, caratterizzata da una colorazione blu con bande tricolori diagonali sulle fiancate e loghi celebrativi sul frontale e sulle portiere. Per l'occasione viene riproposto, al centro del frontale, lo storico stemma a scudo bicolore utilizzato fino al 1967.

Nientemeno che Presidenziale. Che carriera per il Cassoncino di sessant'anni prima! Questa speciale versione del Calessino è destinata al Quirinale ed è caratterizzata dalla colorazione blu della carrozzeria e della capote, con i sedili bianchi.

In questi anni vengono anche realizzate varie versioni sulla base del modello 50, con allestimenti speciali dedicati ai giovanissimi, tra questi anche uno scenografico roll bar.

Nascono tante varianti sulla meccanica del modello 50: non ci sono limiti alla fantasia.

Numerous variations on the 50 theme were introduced: there is no limit to imagination.

Sessant'anni di differenza ma non si vedono. Il particolare che si nota di più è la posizione dei fanali...

Sixty years age difference but it is not really noticeable. The most obvious difference is in the position of the lights...

THE 2000s

The Classic model stands out, characterized by a conspicuous grey plastic grille extending from one side of the front panel to the other between the two headlights. The lines of the front and rear mudguards were more rounded. Two-tone paint (for the standard model) or single colours (for the special models) were available. A large front grille was also fitted to the 50 Cross Country model. Again based on the 50 model, a limited edition of just 99 vehicles was also produced, known as the Mad Cow because of its strikingly original spotted cow paintwork.
In 2009, to celebrate the 40th anniversary of the 50 model, a special limited edition of just 100 vehicles was produced). This was the Cross Country version, distinguished by its blue paintwork with diagonal tricolour bands on the sides and celebratory logos on the front and doors. For the occasion, the historic two-tone shield badge that had been used until 1967, was displayed again in the centre of the front panel. Nothing less than Presidential. What a career the Cassoncino had had and now it was sixty years old! This special version of the Calessino was intended for the Quirinale and was distinguished by the blue of the body and the roof and its white seats.
In this period, various other versions based on the 50 were produced, with special editions dedicated to the very young and featuring a rather flashy roll bar.

Anche il cinquantino si evolve costantemente e prosegue brillantemente la sua carriera di successo.

The fifty cc model was also being constantly improved thereby extending its incredibly successful career.

Nel Dopoguerra la motocarrozzetta rappresentava l'alternativa economica al taxi. Il Calessino di oggi assolve la stessa funzione, ma lo fa solo nelle più rinomate località turistiche.

In the post-war period the three-wheeler was a cheap alternative to a taxi. Today's Calessino model plays the same role, but only in the most prestigious tourist destinations.

ANNI 2010

Particolarmente elegante è la versione HL (High Line) del Calessino. Tra i dettagli spiccano la ruota di scorta esterna, i fanali posteriori in tinta, i copri cerchi e la colorazione dedicata (bianco Artic White).
Ed è proprio il Calessino di questi anni il mezzo che fa ammirare l'Ape come mai prima d'ora. Da mezzo di trasporto per le merci a elegante veicolo con il quale farsi ammirare nelle località "top".

THE 2010s

The HL (High Line) version of the Calessino was particularly elegant. Some of the more prominent features were the external spare wheel, the colour-matched rear lights, the hub caps and special paintwork (Artic White).
In this period it was the Calessino that aroused admiration for the Ape as never before. From a light goods vehicle to an elegant means of seeing and being seen in the leading resorts.

La versione speciale di Ape realizzata da Deus Ex Machina per il 70° anniversario.

The special version of the Ape created by Deus Ex Machina for the 70th anniversary.

Ape
200

IL CINQUANTINO

THE "LITTLE FIFTY"

Fa impazzire i quattordicenni il *look* della nuova serie 50: l'Ape non è mai stato tanto trasgressivo!

The look of the new 50 series appealed to the 14-year-olds: the Ape had never been so cool!

Se si dovesse dare la palma del modello di Ape più simpatico tra tutti quelli prodotti (già simpatici per conto loro) è probabile che vinca il modello più piccolo, quello da 50 cc. Per tutti, il "cinquantino". Nasce nel 1969 e da quel momento l'Ape in formato extra-small inizia una strepitosa carriera che prosegue felicemente anche nel terzo millennio.

Il suo successo iniziale è dovuto a molteplici elementi. Innanzitutto la legge ne consente la guida senza targa e senza patente: due fattori di grande importanza e tali da porre il cinquantino in una categoria a sé stante. Poi, nasce bene ed è aggiornato con le ultime innovazioni introdotte nella famiglia: il motore è posteriore (maggior stabilità e comfort in cabina), la trasmissione è diretta e le ruote sono indipendenti. Ma naturalmente è il capitolo costi quello che interessa maggiormente una larga parte dell'utenza, e in questo campo il 50 cc è assolutamente imbattibile. Sia al momento dell'acquisto sia nella successiva manutenzione e nei consumi il piccolo Ape si dimostra estremamente competitivo anche nei confronti della più economica delle vetture utilitarie.

Negli anni Novanta si assiste poi ad una vera e propria rivoluzione: da mezzo di trasporto nato per contenere il più possibile i costi, il 50 cc si trasforma in un veicolo da puro divertimento. Fa di tutto per farsi notare. Nella conquista del pubblico più giovane assume un look decisamente ardito, con colori vistosi e una configurazione addirittura sportiva, completa di rollbar. Le immagini pubblicitarie sono accattivanti:

Senza targa, senza patente e soprattutto senza costi elevati, sia di acquisto sia di esercizio: il 50 non ha rivali al mondo.

No number plate, no license required and with reduced purchase and running costs: the 50 had no rivals anywhere.

If you had to award a prize for the most "simpatico" Ape ever produced (and in their way they were all "simpatico") it is more than likely that the smallest model, the 50, would win. Universally known as the "Cinquantino" (the little fifty), it was first produced in 1969 and from that moment on this extra-small Ape has enjoyed an oustanding career which is continuing well into the third millenium.
Its early success was due to a variety of reasons. The first of these was that the law allowed people to drive it without a number plate and without a license, two enormously important factors that put the Cinquantino in a class of its own. Secondly, the design started off on the right foot in the first place and was then updated with all the latest modifications introduced to the rest of the family. The engine was at the rear (greater stability and more comfort in the cab), the transmission was direct and the wheels were independent. But of course it was the question of costs that had the greatest influence on the majority of users and in this area the 50 cc was absolutely unbeatable. Both at the time of purchase and in subsequent maintenance and fuel consumption, the small Ape showed itself to be extremely competitive even compared to the cheapest utilitarian cars. Then in the Nineties we witnessed a true revolution: the 50 cc Ape ceased to be a means of transport designed to keep costs as low as possible and was transformed into a vehicle for pure enjoyment. It did everything it could to be noticed. In an effort to win over younger users it took on a decidedly bold look, with flashy

I colori: esagerati!
The over-the-top colour schemes!

Come se la presenza del roll bar non fosse già sufficiente a rendere il cinquantino vistoso in versione Cross ci pensano le colorazioni proposte: giallo, rosso o blu (rispettivamente: giallo Eldorado, rosso Western e blu Cortina). Altro che piccolo mezzo economico per effettuare le consegne, adesso l'Ape è un mezzo con il quale farsi notare, giovanissimi e non.

As if the presence of the roll-bar was not enough to make the Cinquantino really stand out in the Cross version, the colour schemes offered certainly would: yellow, red or blue (respectively: Eldorado yellow, Western red, and Cortina blue). This is a long way from the low-cost vehicle used to make deliveries – now the Ape had become a way of attracting attention, whether you were very young or not.

sul pianale non ci sono più le cassette della frutta ma vi è appoggiata una tavola da surf. Certo, le onde della California o delle Hawaii sono lontane ma sognare costa poco. E anche il nome del nuovo 50 non potrebbe essere più evocativo: si chiama Cross.
Un mezzo tanto fascinoso non poteva rimanere a lungo in versione originale. E infatti tanti appassionati lo stravolgono sostituendo il propulsore di serie con motori di cilindrata dieci volte superiore, come quello della Fiat 500. Ma – l'importante è esagerare – si sono visti propulsori di cubature anche molto maggiori...
Sempre negli anni Novanta il 50 cc si evolve con la versione Europa, caratterizzata da un frontale più importante (con il doppio faro, un fascione trasversale e un parafango più esteso). E negli anni Duemila esce la versione Web che unisce l'estetica del modello Europa con il rollbar ed i colori sgargianti del modello Cross. Il nome dice tutto, a dimostrazione dell'attenzione che l'azienda riserva ai fenomeni culturali e sociali. Mancano le portiere (sono disponibili solo su richiesta), in compenso c'è l'impianto stereo: come conquistare il cuore dei giovanissimi.
L'Ape 50 attulamente in rpduzione dal 2018 è disponibile anche Euro 4.

Il massimo del minimo. L'Ape 50 non ha concorrenti: si guida senza targa né patente.

The most from the least. The Ape 50 had no competition: you could drive it without plates or a licence.

colours and a set-up that might even be described as sporty, complete with a roll-bar. Photos in the advertising material were irresistible – no longer were there boxes of fruit on the cargo bed, now a surfboard took their place. Of course, the Californian and Hawaiian waves were a long way away but we would all dream. A vehicle as interesting as this one could hardly be left in its original form for long. And in fact many enthusiasts make radical changes to it by swapping the standard engine for some with displacements ten times larger, like the one from the Fiat 500. But the main thing was to be completely over the top – engines with even much larger displacements were to be seen.
The Nineties also saw a Europa version of the 50 cc, distinguished by a much more imposing front end (with a dual headlights, a diagonal decorative stripe and a longer mudguard). Then in the first years of the new millennium the Web version was introduced combining the Europa model with the roll-bar and the gaudy colours of the Cross. The name says it all and was a clear indication of the importance the company gave to social and cultural phenomena. There were no doors (they were available on request), but there was a stereo system – a way of winning over the hearts of the very young.
The Ape 50 currently in production has also been available with Euro 4 homologation since 2018.

Valentino e il cinquantino
Valentino and the Cinquantino

Il grande campione motociclistico Valentino Rossi (9 volte Campione del Mondo!) da ragazzino scorrazza per le strade della sua città natale (Tavullia) a bordo del suo Ape Cross di colore azzurro. Su Youtube si possono vedere i filmati: giovanissimo, capelli lunghi, risate e boccacce dal finestrino. E poi via, naturalmente a tutto gas!

The great motorcycle racer Valentino Rossi (nine times World Champion!) raced round the streets of his native town (Tavullia) in his blue Ape Cross when he was a boy. You can see the videos on YouTube: looking very young with long hair, laughing his head off and pulling faces. And then of course, off he goes, flat out!

La vita "lavorativa" del cinquantino: porta carichi inimmaginabili e non si lamenta mai. Un veicolo straordinario.

The 'working' life of the fifty: carrying incredible loads without complaint. An extraordinary vehicle.

Piccolo, piccolissimo, ultra maneggevole: con il 50 si arriva dappertutto. Con la stessa carrozzeria c'è anche il 125 (con portata di 250 kg).

Small, really small, ultra-manoeuvrable: the 50 could get anywhere. The 125 was available with the same bodywork (and a loading capacity of 250 kg).

La vita "for fun" del cinquantino: niente lavoro, solo divertimento. Le sigle, i colori e il look dicono tutto.

The "fun" life of the 50: no work, all play. The graphics, colours and styling say it all.

Il rollbar è tutto forma e zero funzione. Nessun rischio di ribaltamento ma tanta scena, come per l’interno delle vetture da rally.

The roll-bar was just for show and had no practical function. There was no risk of overturning, but it looked the rally-ready part.

LA COMUNICAZIONE

ADVERTISING THE APE

5.1 LA PUBBLICITÀ DELL'APE

La pubblicità di un mezzo dedicato al trasporto di merci segue ovviamente uno stile diverso da quello proposto per la Vespa e il suo trasporto individuale. Nel caso dell'Ape non ci si concede nessun volo di fantasia, si resta con i piedi ben ancorati a terra con messaggi che mettono in evidenza la funzionalità attraverso la robustezza e l'economia. In generale si sottolinea la grande versatilità del mezzo e la possibilità di poter essere consegnato in varie configurazioni (solo pianale, cabina chiusa, cassone ribaltabile ecc.). L'accostamento con la Vespa avviene solo per sfruttare il suo successo.

5.1 ADVERTISING THE APE

The advertising of a vehicle devoted to goods transport naturally adopted a different style that that used for the Vespa and its message of individual transport. In the case of the Ape there was no concession to imagination and feet were kept well and truly on the ground with messages that highlighted the vehicle's functionality through robustness and economy. In general, emphasis was given to the great versatility of the vehicle and the possibility of it being delivered in various configurations (flatbed only, closed cab, tipper bed and so on). The association with the Vespa was only made to exploit the scooter's success.

Siamo agli inizi, lo si capisce bene da due elementi: l'Ape è ancora privo di cabina e si punta tutto sui costi contenuti... addirittura si guadagna!

We are at the beginning, as shown by two elements: the Ape is still lacking a cab and everything is focussed on the low costs... one even earns!

Ape
BANCA D'ITALIA
MILLE LIRE
1000
CHI L'ACQUISTA... non li spende - li guadagna...

ANNI '40

«Chi l'acquista... non li spende... li guadagna»: con questa fortunata *headline* l'Ape si fa ben presto conoscere in tutta Italia. L'immagine illustra un tipico fattorino mentre effettua le sue consegne, da notare il carico sul cassone: sono tanti bigliettoni da mille lire. Si tratta di una evidente associazione tra la bontà della scelta del mezzo acquistato e la possibilità di farlo rendere in breve tempo.
In questi anni la pubblicità dell'Ape punta sulle caratteristiche comuni con la Vespa. «La circolazione del motofurgone Ape è regolata dalle stesse norme valevoli per la motoleggera Vespa»; altro interessante parallelo sottolinea che «Dopo il grandioso successo della motoleggera Vespa la SpA Piaggio & C. presenta il veicolo Ape». Da notare come la Vespa venga ancora denominata come "motoleggera". Altra *headline* d'impatto: «Un cliente accontentato in pochi minuti vi rimarrà fedele tutta la vita».

I dépliant

Di pubblicità vera e propria non se ne parla ancora. Il mezzo utilizzato come campagna stampa riguarda in realtà soprattutto i dépliant che vengono distribuiti direttamente agli interessati, dove compaiono anche poche voci sulle caratteristiche tecniche e le numerose possibilità di allestimento.

It was not really true advertising yet. The printed materials used as a press campaign were actually the brochures that were distributed directly to those interested and which contained a few paragraphs with technical details and the numerous configurations that were on offer.

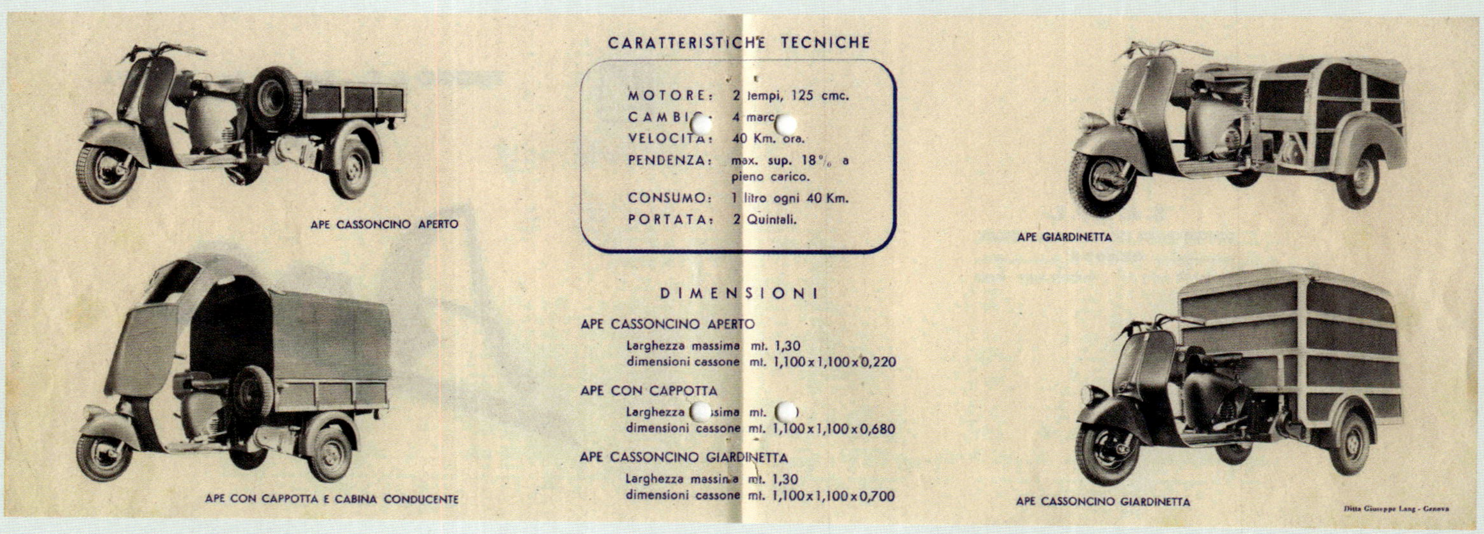

THE '40s

"He who buys... doesn't spend... but earns": this successful slogan ensured that the Ape was soon well known throughout Italy. The image shows a typical deliveryman going about his business. Note the load on the bed: piles of thousand-lire notes. There is a clear association between the validity of the choice of vehicle purchased and the opportunity to have it earning its keep immediately. In this period, advertising for the Ape emphasised the characteristics shared with the Vespa. "Circulation of the Ape three-wheeler is governed by the same regulations applicable to the Vespa light motorcycle"; another interesting parallel points out that "Following the great success of the Vespa light motorcycle, Piaggio & C. SpA presents the Ape vehicle". Note how the Vespa is still referred to as a "light motorcycle". Another headline of great impact: "A client satisfied in a few minutes will remain faithful for a lifetime".

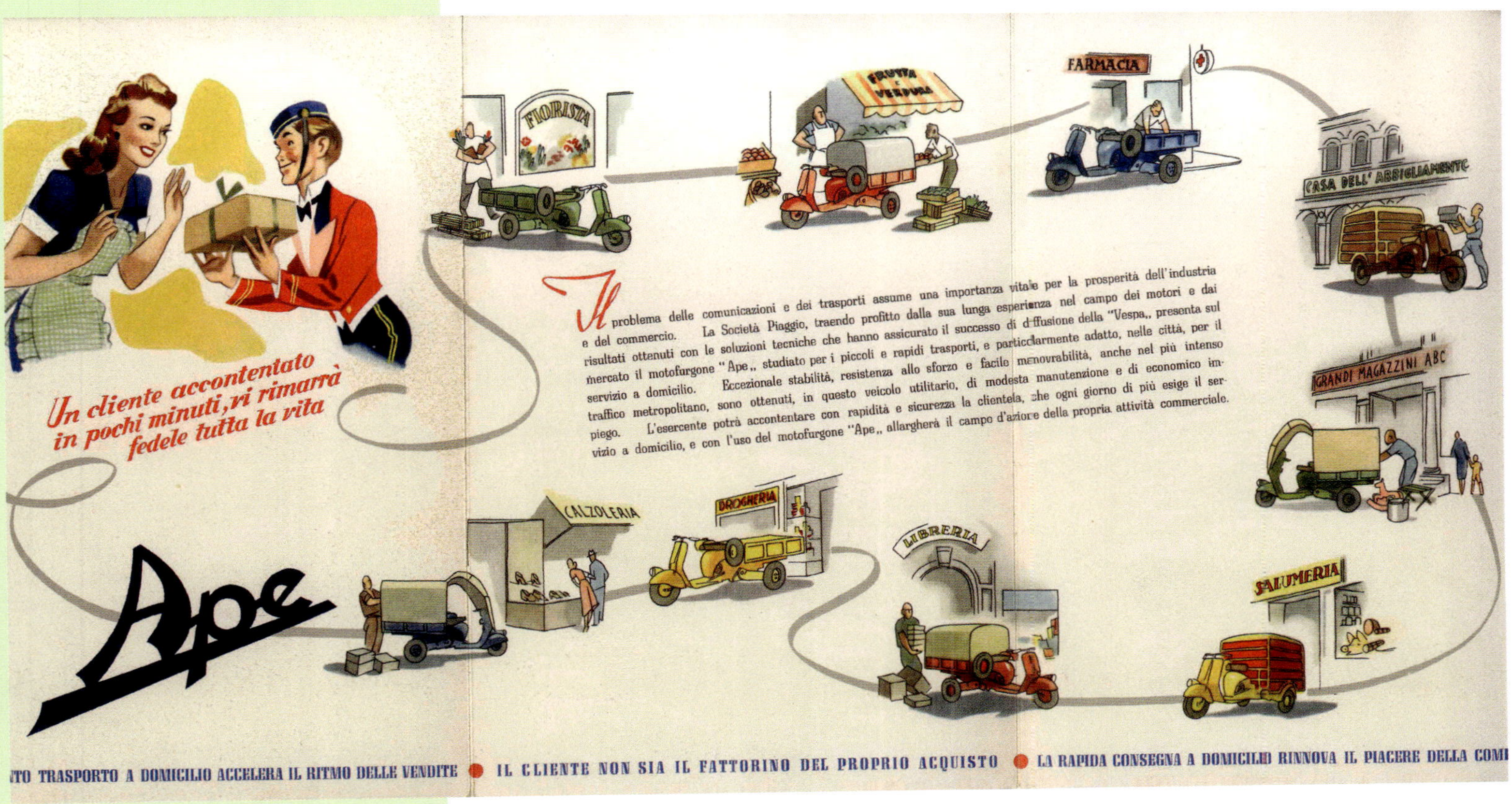

Sempre accattivanti i disegni che riprendono lo stile dei fumetti: semplici ed efficaci.

The drawings in a cartoon style are still attractive: simple and effective.

ANNI '50

La campagna stampa di questi anni resta memorabile per la bellezza e l'impatto visivo delle immagini. Si tratta di vere e proprie tavole, illustrate in maniera artistica sulla falsariga delle mitiche copertine della *Domenica del Corriere* di quegli anni. L'Ape viene rappresentato al centro di attività lavorative che spaziano nei settori più diversi a testimonianza della grande flessibilità d'uso. Si va dal cantiere lungo un fiume (con un ardito arco che sottolinea l'importanza del progetto) al centro cittadino (davanti alle vetrine con le signore eleganti), dalla campagna (con la cascina e il trasporto di pollame) alla città sotto la neve (con il trasporto dei giornali). Con una serie di disegni più schematici ma sempre bellissimi viene illustrato sui dépliant il modello C. A volte si passa a veri e propri tratti a fumetto che esaltano i grandi valori (portata e velocità) e quelli piccoli (consumo).

Disegni sì, foto ancora no
Drawings, yes, photos, not yet

Riprendendo una tradizione italiana degli anni precedenti la Piaggio fa realizzare da artisti le campagne pubblicitarie, con splendidi risultati. Le varie tavole potrebbero essere incorniciate e appese come veri e propri quadri tale è il loro valore artistico. Quando si passerà alle fotografie ne guadagnerà il dettaglio ma si perderà in fascino.

Reprising an earlier Italian tradition, Piaggio commissioned artists to produced advertising campaigns with splendid results. The various plates could be framed and hung as picture such is their artistic quality. When photography took over from illustration, detail was obtained but at the expense of appeal.

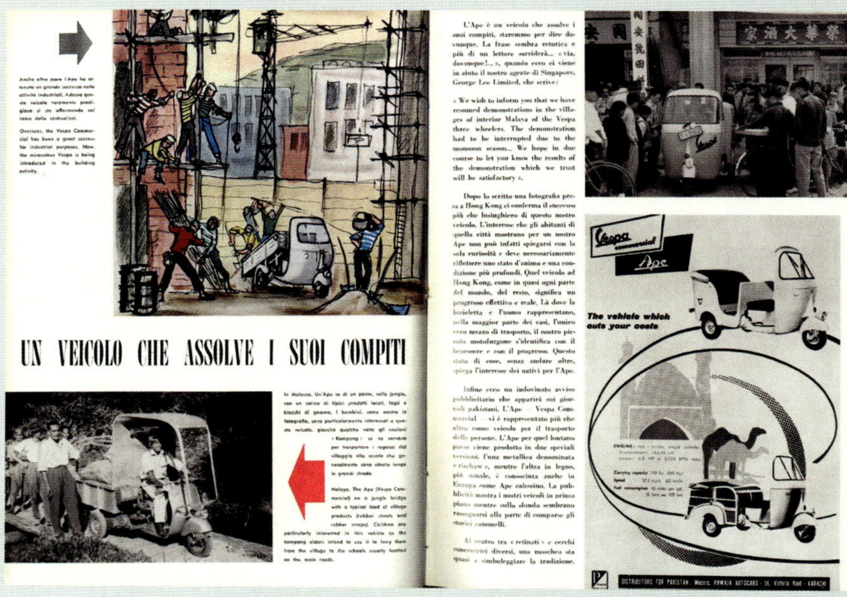

UN VEICOLO CHE ASSOLVE I SUOI COMPITI

L'Ape è un veicolo che assolve i suoi compiti, staremmo per dire dovunque. La frase sembra retorica e più di un lettore sorriderà... « via, dovunque!... », quando ecco ci viene in aiuto il nostro agente di Singapore, George Lee Limited, che scrive:

« We wish to inform you that we have resumed demonstrations in the villages of interior Malaya of the Vespa three wheelers. The demonstration had to be interrupted due to the monsoon season... We hope in due course to let you know the results of the demonstration which we trust will be satisfactory ».

Dopo lo scritto una fotografia presa a Hong Kong ci conferma il successo più che lusinghiero di questo nostro veicolo. L'interesse che gli abitanti di quella città mostrano per un nostro Ape non può infatti spiegarsi con la sola curiosità e deve necessariamente riflettere uno stato d'animo e una condizione più profondi. Quel veicolo ad Hong Kong, come in quasi ogni parte del mondo, del resto, significa un progresso effettivo e reale. Là dove la bicicletta e l'uomo rappresentano, nella maggior parte dei casi, l'unico vero mezzo di trasporto, il nostro piccolo motofurgone s'identifica con il benessere e con il progresso. Questo stato di cose, senza andare oltre, spiega l'interesse dei nativi per l'Ape.

Infine ecco un indovinato avviso pubblicitario che apparirà sui giornali pakistani. L'Ape — Vespa Commercial — vi è rappresentato più che altro come veicolo per il trasporto delle persone. L'Ape per quel lontano paese viene prodotto in due speciali versioni, l'una metallica denominata « rischaw », mentre l'altra in legno, più usuale, è conosciuta anche in Europa come Ape calessino. La pubblicità mostra i nostri veicoli in primo piano mentre sullo sfondo sembrano rassegnarsi alla parte di comparse gli storici cammelli.

Al centro tra « retinati » e cerchi concentrici diversi, una moschea sta quasi a simboleggiare la tradizione.

THE '50s

The press campaign in these years was memorable for the beauty and visual impact of the images. These were plates illustrated artistically and taking their cue from the legendary covers of the weekly Domenica del Corriere *of the period. The Ape was represented at the centre of working scenarios that ranged across the most diverse sectors, testifying to the vehicle's incredible versatility. They ranged from a building site on a river (with a daring arch underlining the importance of the project) to the city centre (in front of shop windows with elegant ladies), from the countryside (with a farmhouse and the carrying of poultry) to the snow-covered city (carrying newspapers). The Model C was illustrated in a series of more schematic but nonetheless beautiful drawings. On occasion there were cartoons exalting the "big" and the "small" of the Ape, its loading capacity and speed and its fuel consumption.*

Le due versioni più diffuse: cassone chiuso e cassone aperto.

The two most common versions: closed van and open flat bed.

I disegni sono a volte semplici (sopra) a volte ricchissimi di dettagli (a fianco).

Some of the drawings are simple (above) others rich in detail (right).

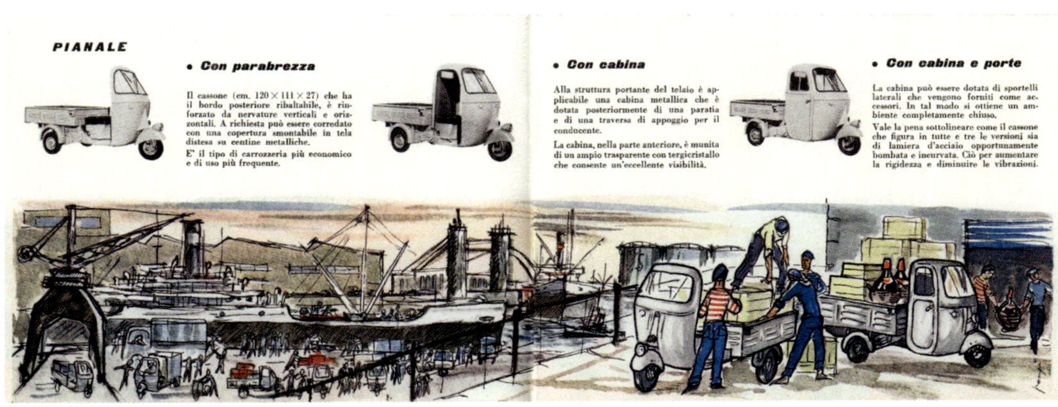

Lo stile è quello delle copertine del settimanale *La Domenica del Corriere*. È primavera, il clima è mite (l'albero sta fiorendo) e in cascina si lavora alacremente. L'Ape in questo caso trasporta al mercato le ceste piene di galline (qualcuna razzola in primo piano) e non disdegna quindi anche compiti poco prestigiosi.

The style is that of of the front pages of the weekly La Domenica del Corriere. It's spring, the weather's mild (the tree is in flower) and down on the farm people are working hard. The Ape in this case is carrying boxes full of chickens to market (some of them are scratching about in the earth in the foreground) and has no complaints about doing this humble task.

È piena estate, fa caldo. Il ponte rappresenta la modernità: una struttura audace che spinge la ricostruzione del Dopoguerra verso mete elevate. L'Ape è a sua volta protagonista, grazie a lui si possono portare sul posto dal cantiere i materiali necessari alla costruzione.

It is high summer and very hot. The bridge represents modernity: a bold structure emblematic of the reconstruction and lofty goals of the post-war period. The Ape is a key figure in this work, making it possible to carry the materials needed for construction from the stores to the building site.

Siamo in autunno, tornano i vestiti pesanti. Qui l'Ape è a suo agio in pieno centro e tra i lussi. Lo attende un carico di pacchi che si presume di un certo valore, il contesto sembra quasi newyorkese con i palazzi alti e l'autista-fattorino in divisa.

It is autumn people and people are wearing heavier clothes. Here the Ape is perfectly at ease in a wealthy city centre. Waiting for it is a pile of parcels that one imagines to be quite valuable. It could almost be New York with the tall buildings and the uniformed driver.

È arrivato l'inverno, il clima è rigido, c'è anche la neve. Nonostante i disagi, le consegne dei giornali non segnano ritardi e avvengono puntualmente grazie all'Ape. Un importante servizio per la comunità, l'Ape non si ferma davanti a niente.

Winter has arrived, the weather is freezing and there is snow on the ground. Despite these problems there is no delay in delivering newspapers and they get there on time thanks to the Ape. Providing an important service for the community, the Ape is unstoppable.

ANNI '60

«Il motofurgone più venduto»: in pochi anni l'Ape ha conquistato un'enorme fetta di utenti che non avrebbe trovato altrimenti il veicolo commerciale adatto alle proprie necessità. Ancora e sempre: «Il veicolo che vi aiuta a guadagnare ». Questa fortunata *headline* sottolinea l'imbattibile rapporto costo/prestazioni del mezzo, nessun altro veicolo può confrontarsi con l'Ape da questo punto di vista. Per illustrare graficamente la campagna pubblicitaria si impiegano nello stesso tempo fotografie e disegni con un piacevole effetto visivo. Finisce l'era dei soli disegni, adesso è l'immagine fotografica quella che prende il sopravvento.

Bellissima questa immagine di Genova "invasa" da così tanti Ape.

A wonderful image of Genoa "invaded" by a "swarm" of Apes.

THE '60s

"The best selling three-wheeler": in just a few years, the Ape conquered a huge number of users who would otherwise have been unable to acquire a commercial vehicle suited to their needs. And again: "The vehicle that helps you earn". This successful slogan draws attention to the Ape's enviable cost/performance ratio: no other vehicle could close to the Ape from this point of view. In order to illustrate the adverting campaign graphically recourse was made to both photos and drawings, with an attractive visual effect. The drawings only era was over and photography began to take command.

LE BUONE IDEE

Filippini di Mantova va svolgendo una indovinata campagna pubblicitaria sulla stampa locale servendosi di piccoli avvisi ricavati dai nostri « ottavi » di pagina.

Questi avvisi che riproducono l'Ape, sottolineata da strisce nere, sono molto visibili e offrono inoltre il grande vantaggio di riprodurre in scala ridottissima, ma comunque visibile e mai ridicola, le nostre inserzioni.

Filippini di Mantova, insomma, con una serie di questi avvisi riesce ad effettuare un'indovinata, moderna ed economica campagna pubblicitaria.

Perchè non cercare di fare altrettanto?

Ape
il veicolo che vi aiuta a guadagnare
FILIPPINI - VESPA
Mantova

Questo avviso è stato pubblicato con base una colonna. La misura risulta particolarmente adatta.

IL NUOVO Ape 150
● Omologato per il trasporto di due persone sul sedile anteriore
Prenotatevi in tempo da: FILIPPINI - VESPA - MANTOVA

Questo avviso è stato pubblicato con base 2 colonne. Pur essendo assai piccolo, grazie alla sua striscia nera risulta piuttosto evidente. Inoltre le sue piccole sagome finiscono con l'incuriosire anche i lettori più distratti

l'ape va dappertutto

Grazie alla soluzione delle ruote indipendenti, cioè senza ponte posteriore, che consente la maggior altezza posteriore « libera » rispetto al suolo e permette di percorrere qualunque tipo di strada anche assai sconnessa, non esistono praticamente strade, campestri o di montagna, che l'Ape non possa percorrere a pieno carico: a differenza dei motocarri concorrenti infatti, l'Ape supera facilmente pendenze di oltre il 21%. Inoltre nei centri storici e direzionali dove è vietata la circolazione ai veicoli da trasporto anche leggeri a quattro ruote, solo l'Ape può circolare.

16

l'ape è maneggevole

L'Ape può girare completamente anche in spazi assai ridotti: il suo raggio di volta è di metri 2,25.
Dove un altro veicolo, sia esso un autofurgone o un motofurgone concorrente, deve manovrare in due tempi, l'Ape gira completamente senza sforzo.
I vantaggi di queste doti indiscusse risultano evidenti nelle manovre di parcheggio, nelle strade strette, nel traffico cittadino.

18

l'ape posteggia facilmente

Per le sue caratteristiche peculiari di estrema manovrabilità, l'Ape è stato adottato con piena soddisfazione da tutti coloro che operano nei grandi centri cittadini.
Infatti l'Ape posteggia dappertutto, anche dove la più piccola utilitaria non trova posto. In questo quadro risulta utilizzabile il minimo raggio di sterzata che permette di avvicinarsi al massimo al punto di carico o scarico delle merci.

20

l'ape consuma pochissimo

L'Ape 350 consuma solo 4 litri di miscela per 100 chilometri, l'Ape 400, 4,2 litri di miscela per 100 chilometri e l'Ape 450, 4,4 litri di miscela sempre per 100 chilometri. Un consumo questo irrisorio se si considerano i consumi degli autofurgoni e quelli dei motocarri concorrenti, che fra l'altro, non hanno il grande vantaggio economico dell'impiego di miscela al 2%, che attualmente costa 125 lire al litro, contro le 135 lire della miscela al 4%.

4

l'ape è più sicuro

Le grandi doti di sicurezza dell'Ape sono dovute ai freni più efficaci, alla superiore tenuta di strada, grazie anche alle ruote posteriori indipendenti che consentono un minor peso delle masse non sospese e degli ammortizzatori a frizione regolabili; ha la ruota anteriore applicata a sbalzo, soluzione questa che consente una maggior facilità e rapidità nel cambio della ruota ed è tanto sicura da venir spesso adottata anche per i carrelli degli aerei; l'ampia visibilità laterale del parabrezza panoramico e le grandi doti di ripresa, assicurano condizioni di guida perfette anche nel traffico più caotico.

6

l'ape è più confortevole

L'Ape, nei suoi tre modelli, è costruito in modo da garantire il miglior confort possibile; tergicristallo elettrico e riscaldamento in cabina sono offerti in dotazione di serie. I finestrini degli sportelli laterali hanno deflettori di tipo automobilistico (con sgocciolatoi) che permettono una migliore ventilazione della cabina.
All'interno della cabina stessa la strumentazione funzionale, il parabrezza panoramico, le sospensioni efficacissime garantiscono una guida veramente comoda ed agevole anche nelle più difficili condizioni d'impiego.

8

ANNI '70

«Mani al volante!» Così viene presentata la nuova serie che strizza l'occhio alla produzione automobilistica. In effetti è un passo importante, il volante consente una manovrabilità migliore nella guida e rende l'Ape ancor più piacevole da condurre. L'immagine dice tutto: il volante, con la presa a due mani, è così grande da contenere il mezzo al suo interno.
Viene dato ampio spazio anche al modello 50: «Un piccolo capolavoro per i vostri trasporti». Ed il testo aggiunge «Ape rende. Rende svelto. Rende sempre».

THE '70s

"Hands on the wheel!" Thus ran the slogan for the new series that took its cue from automotive production. This was a major step; the steering wheel improved manoeuvrability and made the Ape even easier to drive. The image says it all: the steering, gripped with two hands, is large enough to hold the entire vehicle. Ample space was also given the 50 model: "A minor masterpiece for your transportation needs". And the text adds "The Ape earns. Earns quickly. Earns always."

Nord e Sud
North and South

Nel 1974 appaiono contemporaneamente due annunci pubblicitari. Al Nord la campagna punta su una situazione industriale (un operaio carica materiale elettrico) con la *headline* «In due si guadagna il doppio». Al Sud la campagna è invece incentrata su una situazione agricola (un contadino carica le verdure) con la *headline* «In due si fatica la metà». Dopo qualche protesta sui pregiudizi associati al mondo meridionale, la campagna pubblicitaria corregge il tiro invertendo le *headline*.

Two advertisements appeared contemporaneously in 1974. In the North the campaign focused on an industrial situation (a worker loading electrical material) with the slogan "Two of you earn twice as much". In the South the campaign instead featured an agricultural situation (a farmer loading vegetables) with the headline "It' s half as hard when there' s two". After protests regarding the prejudices associated with the South of Italy, the advertising campaign corrected its aim, inverting the slogans.

Uno 007 di casa nostra: non ha la pistola ma ha... l'Ape!

A homespun 007: he might not have a gun but he does have... an Ape!

Anni '80

«Intelligence Service»: l'accostamento con James Bond è sottolineato dall'immagine dell'agente segreto appoggiato all'Ape, con tanto di smoking e Martini in mano. Manca solo la pistola... Lo spiritoso abbinamento è spiegato dal testo sottostante: «Lavora molto, beve poco, vive a lungo», un commento certo più adatto all'Ape che all'agente segreto più famoso del mondo. Ma infatti qui non si tratta di servizi segreti ma di servizi... intelligenti. L'accostamento è particolarmente efficace nella sua ironia quando si prendano in esame i due mezzi di trasporto dei protagonisti: la potentissima Aston Martin DB5 e il nuovo Ape in versione Diesel!

THE '80s

"Intelligence Service": the association with James Bond is emphasised with the image of the secret agent leaning on the Ape, dressed in a dinner jacket with a Martini in his hand. All that's missing is his pistol... The playful pairing is explained by the underlying text: "Work hard, drink little, live long", a comment certainly better suited to the Ape than the world's most famous secret agent. But here, in fact, rather than the secret services we are talking about the... intelligence services. The pairing is particularly effective when it ironically examines the transportation of choice of the protagonists: the powerful Aston Martin DB5 and the new Diesel version of the Ape.

ANNI '90

«Ape Poker. Quattro ruote sfruttate bene». Dopo quarant'anni di classici Ape a tre ruote Pontedera presenta il nuovo Poker che di ruote ne ha quattro. Continua a chiamarsi Ape ma ovviamente vuole posizionarsi su una fascia superiore, con l'intenzione di confrontarsi con mezzi di maggiori dimensioni e portate. Innegabile l'impatto dei quattro enormi pneumatici, che sovrastano la figura completa del mezzo. Per rendere più accettabile la linea voluminosa del Poker le fiancate sono arricchite da una fascia tratteggiata, in contrasto cromatico.

THE '90s

"Ape Poker. Four wheels used well". After 40 years of classic three-wheeler Apes, Pontedera presented the new, four-wheeled Poker. It continued to carry the Ape name, but was clearly aimed at a higher category in which it would compete with bigger vehicles with larger carrying capacities. The impact of the four large tyres was undeniable, dominating the appearance of the vehicle. In order to render the voluminous lines of the Poker more acceptable, the flanks were embellished with a dashed band in a contrasting colour.

Quattro ruote grandi così la dicono lunga sulle intenzioni della Piaggio. Ma l'Ape non viene certo trascurato e prosegue la sua carriera di successo.

Four large wheels say much about Piaggio's intentions. However, the Ape has never been neglected and its successful career continues.

Sembra di essere tornati ai tempi di "Chi Vespa mangia le mele": la pubblicità stupisce e si fa ricordare.

It is like being back in the time of "Chi Vespa mangia le mele", the slightly surreal Vespa slogan.

ANNI 2000

«Mai sottovalutare Ape»: una campagna stampa particolarmente stimolante, ricorda un po' lo spirito del lontano «Chi Vespa mangia le mele». Qui le immagini sono volutamente esagerate e surreali. Il piccolo mezzo viene presentato su una pista aeroportuale mentre trascina un jet, attende un alpinista in vetta ad una montagna, vola al posto della slitta con alla guida Babbo Natale, si trova persino sul suolo lunare. L'importante... è esagerare! Ampio spazio viene dedicato al modello 50 in versione Web che compare con titolazioni accattivanti: «Regina della rete», «Un'idea così non si era mai vista», «Qualcosa di nuovo sotto il sole», «Divertimento senza mezzi termini».

THE 2000s

"Never underestimate the Ape": a particularly stimulating advertising campaign recalled a little of the spirit of the distant "Chi Vespa mangia le mele". Here the images are deliberately exaggerated and surreal. The little vehicle is presented on an airport runway, towing a jet, waiting for a climber at the top of a mountain, flying in the place of Father Christmas's sleigh and even on the surface of the moon. What was important was... to exaggerate! Plenty of space was dedicated to the Web version of the 50 model, which appeared with eye-catching slogans: "Queen of the net", "A revolutionary idea", "Something new under the sun", "Full-on fun".

Siamo ben lontani dai tempi in cui il messaggio era «Il veicolo che vi fa guadagnare». Adesso l'Ape non ha più bisogno di presentazione o di sottolineare la portata del cassone. L'Ape lo conoscono tutti, è sulla breccia da tanto tempo e il messaggio pubblicitario può permettersi qualche autoironia.

Gli anni di photoshop sono di là da venire, le immagini colpiscono per la fantasia e la realizzazione dei contenuti. Nessun limite per l'Ape, niente lo può fermare.

We are a long way from the times in which the message was "The vehicle that lets you earn". The Ape no longer had any need for presentations or emphasis on its load-carrying capacity. Everyone knew the Ape, it had been around for years and the advertising message could afford a little irony.

The Photoshop era is still in the future but the images are striking in their imagination and realisation. No limits for the Ape, nothing can stop it.

La pubblicità su Ape
Advertising on the Ape

Fin dai primi anni della sua commercializzazione l'Ape svolge un importantissimo ruolo per tante aziende che lo impiegano per la consegna delle proprie merci. Le fiancate delle versioni furgonate diventano una superficie da sfruttare per far conoscere i propri prodotti e questo tipo di "pubblicità viaggiante" invade le città con proposte più o meno accattivanti e creative.
Ne fanno grande uso le aziende più note negli anni Cinquanta e Sessanta, soprattutto nel settore pasticceria e alcolici: Alemagna, Motta, Perugina, Cinzano, Negroni. Ma anche celebri negozi come la pasticceria milanese Sant'Ambroeus. E poi i grandi magazzini, come Upim e la Rinascente.
Ma non ci sono solo i grandi nomi, ovviamente.
In questi anni tutti i negozianti e piccoli commercianti che impiegano l'Ape per effettuare le consegne delle proprie merci espongono il proprio nome sulle fiancate: è tutta pubblicità!

From its early days, the Ape played a crucial role for the many companies that relied on it for the delivery of their goods. The flanks of the van versions became an area to be exploited for presenting products and this kind of "mobile advertising" invaded towns and cities with more or less creative and attractive ads.
The best-known firms of the Fifties and Sixties made great use of these vehicles, above all those in the pastries and alcoholic beverages sector: Alemagna, Motta, Perugina, Cinzano, Negroni. But also famous shops such as the Milanese patisserie Sant' Ambroeus. And then there were the department stores such as Upim and Rinascente.
Naturally, not all of them were big names. In that period, all the shopkeepers and small business owners using the Ape for deliveries would display their names on the side of their vehicles: all publicity is good publicity!

L'Ape entra anche in TV grazie alla sua carica di simpatia.

Thanks to its cheerful image the Ape starred on TV too.

Nel 1990 l'apparizione sul piccolo schermo avviene nella trasmissione *Mai dire gol*. Alla guida dell'Ape c'è Peo Pericoli (Teo Teocoli) in viaggio verso lo stadio per la partita Milan-Werder Brema. E sul cassone si ritrovano a stretto contatto il gruppo Elio e le Storie Tese insieme al calciatore milanista Demetrio Albertini.
Nel 2003 grande citazione in una puntata di *Zelig*, condotto da Claudio Bisio e Michelle Hunziker. Insieme al comico Paolo Cevoli c'è nientemeno che Valentino Rossi, il quale imita il rumore dell'Ape suscitando grande ilarità. Nello stesso anno l'Ape compare anche su Rai 1 in una puntata de *I raccomandati*. Qui il presentatore Amadeus, rifacendosi al musical *Grease*, si presenta a bordo di un'Ape tutto rosa al posto della prevista Cadillac. Ancora: sempre nel 2003 l'Ape appare nel telefilm *Benedetti dal Signore*, con Ezio Greggio e Enzo Iacchetti nei panni di frati francescani a bordo di un'Ape 50 tutto rosso.
Nel 2005 l'Ape è protagonista di una trasmissione sul canale MTV, il cui titolo è *Pimp My Wheels* ed è caratterizzata da un format originale. In ogni puntata viene esaminato un veicolo con la cilindrata di 50 cc e dopo un accurato esame si passa al restauro oppure alla personalizzazione. Il team di lavoro è quello dell'officina TBW di Milano. Nella puntata dedicata all'Ape la produzione si è concentrata sulla personalizzazione "pimpata" con una nuova colorazione nera arricchita da aerografie gialle e rosse in puro stile *hot rod*. Hanno completato l'esecuzione i vetri oscurati, il roll bar cromato e la tappezzeria interna di colore giallo e rosso. In più: navigatore satellitare e impianto stereo!
Nel 2006 Aldo Giovanni e Giacomo realizzano un film basato sullo spettacolo teatrale *Anplagghed* dove l'Ape protagonista compare nella lussuosa versione Calessino. Si suppone che il cassone venga utilizzato per portare i bagagli di Aldo e Giacomo ma Giovanni, alla guida, ha idee contrarie...
Nel 2008 il *TG1* manda in onda un servizio per celebrare i festeggiamenti della lunga carriera dell'Ape che ha appena compiuto 60 anni. Un evento ricordato anche da *TG2 Motori*.
Nel 2009 l'Ape (pieno di mimose) compare nel noto programma *Che tempo che fa* condotto da Fabio Fazio, nell'ambito di una puntata sulla Festa della donna, insieme a Luciana Littizzetto.
Nel 2016 non manca una partecipazione al popolarissimo programma *Masterchef 3 Italia*.

Attualità News

14

LTV communication campaign
Ape and Porter: three new television clips

CAMPAGNA DI COMUNICAZIONE VTL

PIAGGIO VEICOLI TRASPORTO LEGGERO

Ape e Porter in Tv con tre nuovi spot

All'interno del nuovo piano di sviluppo dell'attività di comunicazione, e con l'obiettivo di fornire alla rete di vendita validi strumenti con i quali valorizzare la gamma prodotto, **Piaggio Divisione VTL** ha realizzato **3 spot destinati al circuito televisivo locale italiano**. "I tre spot", sottolinea **Mirko Incerti**, Responsabile Marketing Strategico della Divisione, "rappresentano uno strumento potenzialmente efficace per raggiungere il nostro cliente target, attraverso la televisione 'locale' che presenta aspetti peculiari: la tv locale ha, soprattutto in alcune realtà geografiche del nostro Paese, un'elevata penetrazione sul nostro target di riferimento caratterizzato da una marcata vocazione 'localistica' (ricerca attiva di notizie della sua provincia, informazioni di carattere sportivo a livello locale, fatti del giorno e curiosità della sua zona di riferimento, ecc); inoltre, la tv locale consente di armonizzare l'attività di micromarketing sul territorio in modo da supportare la rete di vendita creando "traffico" di potenziali clienti presso i punti vendita Piaggio VTL, ed infine vanta un rapporto costi/benefici di sicuro interesse".

I tre spot sono trasmessi, a partire dal 15 giugno, in aree test identificate dalla Divsione VTL e progressivamente estesi su tutto il territorio nazionale attraverso la consueta attività di micromarketing e di supporto commerciale realizzato attraverso la rete di vendita. Ed ecco una sintetica descrizione dei tre nuovi spot, che vedono protagonisti Ape e gamma Porter, e che si rivolgono agli specifici target di riferimento dei veicoli VTL.

Paige's LTV Division in Italy has produced three new commercials for local television channels in Italy as part of its overall communication strategy. According to Mirko Incerti of LTV strategic marketing, the three advertisements are a good way to reach target customers through regional television channels, which have high reach in certain areas on Piaggio's target clientele. Regional TV is also a useful micromarketing tool with a good cost/returns ratio. The three ads have been aired since the 15th June in test areas and will be gradually extended countrywide.

Ape 50 "Teen-Agers"
Spot di 30" che si pone l'obiettivo di "rinfrescare" l'immagine di Ape 50 verso un segmento importante e di futuro interesse. Lo spot presenta i due prodotti dedicati al mondo dei giovani (Ape 50 Cross Country e Ape 50 Web), al fine di un riposizionamento d'immagine del veicolo. Il "leitmotiv" di comunicazione è in questo caso rappresentato dalla scarica di colore, divertimento, creatività ed allegria che Ape 50 - nelle due versioni dedicate al mondo dei teen-agers, riesce a portare in un'ambientazione grigia e monotona. Il *pay-off* della campagna "**Ape 50 - Il tuo pick-up giovane**" non comunica soltanto un "mondo di riferimento", ma anche una componente funzionale molto apprezzata (come dimostrato da numerose ricerche di mercato), anche dal target giovane. Ape 50 è un "pick-up" che consente di trasportare gli oggetti quotidiani e del tempo libero dei giovani, dallo zaino alla borsa sportiva, alla tavola da surf.

Ape 50 "Teenagers" 30-second clip shows the two youth-dedicated models, Ape 50 Cross Country and Ape 50 Web. The communication leitmotiv here is the colour, creativity and fun the two made-for-teens Ape 50s bring to a dull world. The slogan "Ape 50 - your young pick-up" recalls that the Ape 50 is also very practical - it carries anything from a rucksack to a surfboard.

Ape 50 "Professioni"
Spot di 30" dinamico e simpatico (così come il prodotto Ape 50) che rivisita, in chiave moderna, la straordinaria flessibilità di utilizzo in ambito professionale (piccole imprese individuali/artigiane) della gamma Ape 50. Lo spot costituisce anche un valido mezzo per presentare al pubblico, integrando la comunicazione stampa, la nuova motorizzazione Euro 2 ed i benefici ad essa collegati in termini di prestazioni, ecologia e risparmio (grazie all'operazione promozionale in corso e, realizzata da mercato Italia, che moltiplica per 4 il contributo governativo sulle motorizzazioni eco-compatibili). Le immagini che si susseguono illustrano le diverse "applicazioni" della gamma Ape in diversi ambiti lavorativi (giardiniere, pasticcere, muratore, fioraio...). La sequenza dinamica e "fresca" consente inoltre di traslare il mondo valoriale del "piccolo professionale" verso l'*hobby farming* raggiungendo con il messaggio, anche coloro che possono utilizzare Ape 50 per il tempo libero. Anche la scelta dello slogan di campagna è in linea con questo obiettivo: "**Ape Il tuo hobby quotidiano**".

Ape 50 "Professions" 30-second ad focuses on the Ape 50 range's extraordinary flexibility of use in all kinds of work situations (cottage industry firms - the ad shows gardeners, pastry chefs, bricklayers, florists etc.). The advertisement also presents the new Euro 2 engine and its advantages in terms of performance, ecology and savings (thanks to the current Italian promotion that multiplies the government's contribution on eco-friendly engines by four). The ad also focuses on those who choose to farm as a hobby, portraying the Ape 50 as a leisure time vehicle too; hence the slogan "Ape, your everyday hobby".

Gamma Porter: "Obiettivo trasporto"
Spot di 60", tecnico e descrittivo in cui sono evidenziati, e valorizzate da immagini in rapida successione e da una "*soundtrack*" (la musica di sottofondo) molto coinvolgente, i fattori chiave di successo del Porter Maxxi (ruote gemellate, grande portata, dimensioni compatte che garantiscono grande manovrabilità...). Nel filmato sono inoltre presentati i 3 nuovi allestimenti realizzati sullo Châssis del Porter Maxxi che presentano elevate opportunità di *mercato (ne parliamo nella rubrica "Prodotto" in questo numero del giornale, ndr)*: il nuovo furgonato in alluminio di 6 metri cubi di capacità di carico, il pianale scarrabile disponibile tra l'altro anche sullo Châssis standard e il nuovo cestello aereo.

Porter range "Objective: Transport" 60-second ad is technical and descriptive at once with a rapid succession of images and a memorable soundtrack, and recalls the key success features of the Porter Maxxi (twin wheels, large payload, small size hence manoeuvrability). The ad also shows the three new types of equipment on a Porter Maxxi frame (see article elsewhere in this issue) - the six-cubic-metre capacity aluminium van, the sliding tray and the new aerial container.

Non mancano celebrazioni in TV quando l'Ape compie i suoi primi 60 anni.

There were celebrations on television when the Ape turned 60 years old.

In 1990, the Ape appeared on television, featuring in the programme Mai dire gol. *At the wheel was Peo Pericoli (Teo Teocoli) on his way to the stadium for the match between Milan and Werder Brema. On the flatbed was the group Elio e le Storie Tese, crowded together with the Milan footballer Demetrio Albertini.*
2003 saw the Ape again featuring in an episode of Zelig, *presented by Claudio Bisio and Michelle Hunziker. Together with the comedian Paolo Cevoli was none other than Valentino Rossi, who provided a hilarious imitation of the sound of the three-wheeler. That same year the Ape also appeared on Rai 1 in an episode of* I Raccomandati. *Here the presenter Amadeus, in a reference to the musical* Grease, *appeared aboard an all-pink Ape rather than the original Cadillac. Again in 2003, we saw the Ape in the TV series* Benedetti dal Signore *starring Ezio Greggio and Enzo Iacchetti as Franciscan monks aboard an all-red Ape 50.*
In 2005, the Ape was the protagonist in a programme on the MTV channel. Pimp My Wheels *boasted and original format in which a 50 cc vehicle was examined every week and after a careful inspection would be restored or customized. The team carrying out the work was from the TBW workshop in Milan. In the episode dedicated to the Ape, the story revolved around the "pimping" of a customised vehicle finished in black with yellow and red hot-rod style decoration. The vehicle was completed with dark privacy glazing, a chrome roll bar and red and yellow interior upholstery. There was also a Sat-Nav and stereo system!*
In 2006, Aldo Giovanni and Giacomo made a film based on their Anplagghed *theatrical show in which the luxurious Calessino version of the Ape appeared. The loading bed was supposed to carry Aldo and Giacomo's luggage, but Giovanni, who was driving, had other ideas... In 2008, the* TG1 *news programme transmitted a feature celebrating the long career of the Ape, which had just turned 60. An event that was also commemorated by* TG2 Motori. *In 2009, the Ape (laden with mimosas) appeared in the programme* Che tempo che fa, *presented by Fabio Fazio, within the ambit of a feature on Women's Day, together with Luciana Littizzetto. In 2016, the vehicle even appeared in the highly popular* Masterchef 3 Italia *programme.*

Spot in TV
TV advertising

Nel 2002 appare in TV una campagna per rilanciare la versione 50, sottolineando gli incentivi proposti dal Ministero dell'Ambiente.
Nel 2003 la Piaggio realizza tre spot di 30" ciascuno destinati al circuito televisivo locale italiano. Si tratta di un'iniziativa nata per raggiungere potenziali nuovi clienti attraverso le TV locali. Le immagini vedono l'Ape confermare le sue straordinarie doti di versatilità e lo vedono impegnato in sequenze dinamiche dove appare in svariati ambiti lavorativi: giardiniere e pasticciere, muratore e fioraio. Viene anche realizzata una seconda serie di spot di 30" dove protagonisti ora sono due modelli 50: Ape Cross Country e Ape Web. Questa volta il target è quello dei giovanissimi, il tema non è più quello del lavoro ma quello del tempo libero: non più cassette della frutta ma... tavole da surf.

In 2002, the Ape appeared on TV in a campaign for the relaunched 50 version, emphasising the incentives offered by the Ministry of the Environment.
In 2003, Piaggio made three 30" adverts, each destined for the Italian local television networks. This was an initiative designed to reach potential new clients through the local TV channels. The Ape was seen confirming its remarkable versatility in dynamic situations in which it was employed in diverse working environments with gardeners and patisseries, builders and florists. A second series of 30" adverts was also made featuring two versions of the 50, the Ape Cross Country and the Ape Web. This time, the target was young people and theme was recreation rather than work: with boxes of fruit now replaced by... surfboards.

Se la Vespa è la vera regina dello schermo non c'è dubbio che anche l'Ape abbia avuto la sua parte nel cinema, soprattutto italiano. L'Ape compare con un ruolo importante in diverse pellicole degli anni Cinquanta, stranamente poche negli anni Sessanta, moltissime negli anni Settanta. Per ben due volte alla guida c'è una grande star come Vittorio Gassman (*La cambiale* del 1959 e *Il mattatore*, stesso anno). In generale comunque l'Ape entra in moltissime inquadrature di film girati a partire dal Dopoguerra in mezzo a tanti altri veicoli che appaiono sullo sfondo. La sua presenza fa capire quanto sia stato diffuso sia nelle città sia nelle campagne per la quotidianità lavorativa.

BOCCACCIO *ovvero* RENZO E LUCIANA

Il film a sketches subisce i gusti dell'opinione come certe mode; se ne va e ritorna periodicamente, secondo il flusso ed il riflesso del gusto. I primi furono gli americani, parecchi anni fa; poi, dopo il '50, ci si misero italiani e francesi; adesso noi e i parigini ritorniamo al gioco. Tra questi nostri films, senza dubbio alcuno farà spicco «Boccaccio '70» che vede impegnati alla sua realizzazione registi di fama mondiale come Fellini, Visconti, De Sica e Monicelli. L'episodio di Monicelli narra l'avventura di due sposi: un operaio, Renzo, ed un'impiegata, Luciana. Sullo sfondo di questo dramma moderno, che si svolge in un biscottificio milanese, appare molte volte un furgoncino Ape. Ennesima prova di come i nostri veicoli siano entrati in profondità nella storia del costume nazionale, tanto da essere considerati elementi essenziali della vita quotidiana.

Like certain fashions, the «short-stories» film goes and returns periodically according to the ebb and flow of taste. The first were the Americans, several years ago; then, after 1950, the Italians and the French; now we and the Parisians return to the game. Among our films will undoubtedly stand out «Boccaccio '70» which engaged internationally famous directors such as Fellini, Visconti, De Sica and Monicelli. The Monicelli episode tells the story of two newlyweds: a workman, Renzo, and an office clerk, Luciana. In the background of this modern drama, which takes place in a bakery, appears several times a Vespa Commercial. Still another proof of how deeply our vehicles have entered into the history of the national customs as an elements of life.

Nel cinema italiano degli anni Cinquanta e Sessanta l'Ape compare spesso, a volte è quasi protagonista.

The Ape frequently appeared in Italian films of the Fifties and Sixties, sometimes having an almost starring role.

Solo lui
A one-off

Nel film *La cambiale* il protagonista (Vittorio Gassman) gira con un modello di Ape che riporta l'insegna del suo datore di lavoro ("Ottavio casa del cane"). Si tratta del modello C, il primo provvisto di cabina. Questo elemento, che finalmente protegge il guidatore dalle intemperie, va però a scapito delle esigenze cinematografiche dato che impedisce di riconoscere l'attore. La soluzione? Si elimina la parte superiore della cabina, all'altezza del manubrio: un esemplare unico!

In the film La cambiale, *the protagonist (Vittorio Gassman) drives an Ape carrying the name of his employer (Ottavio casa del cane). This was a model C, the first to be fitted with a cab. This element, which finally protected the driver from the elements, interfered with the cinematic process in that it prevented the actor from being recognised. The bold solution that was found was to cut away the upper part of the cab, at the height of the handlebar, creating a one-off!*

*While the Vespa is the true queen of the screen, there is no doubt that the Ape has played its part, above all in Italian films. It appears in important roles in a number of films from the Fifties, strangely few in the Sixties and in many in the Seventies. Twice it was driven by a star of the calibre of Vittorio Gassman (*La Cambiale *from 1959 and* Il Mattatore *from the same year). In general, however, the Ape appears in many shots from films made from the post-war years onwards, one of the many vehicles adding background colour and veracity. Its presence is evidence of its ubiquity in towns and the countryside, wherever there is work to be done.*

In anticipo di anni
Ahead of its time

Nel film *Grand Hotel Budapest* uscito nelle sale nel 2014 e diretto da Wes Anderson, compare un Ape 50 di colore rosa: è il mezzo utilizzato per le consegne di una pasticceria. Non ci sarebbe nulla di strano, anzi sembra che l'Ape sia assolutamente al posto giusto e nella giusta funzione.
Ma c'è un particolare: il film si svolge negli anni Trenta!

Wes Anderson's film Grand Hotel Budapest, *which appeared in 2014 features a pink Ape 50: it was the vehicle used for deliveries by a patisserie. There would be nothing unusual about this, in fact it might be said that the Ape was in absolutely the right place and performing the right task. Were it not for one minor detail: the film is set in the Thirties!*

I titoli dei film
Film titles

ANNI '50 / *THE '50s*

Vacanze a Ischia (1957)

La cambiale (1959)

Ciao ciao bambina (1959)

Il mattatore (1959)

Come prima (1959)

ANNI '60 / *THE '60s*

Boccaccio 70 (1962)

Diciottenni al sole (1962)

ANNI '70 / *THE '70s*

La mala ordina (1972)

Senza ragione (1972)

Il cittadino si ribella (1974)

Squadra volante (1974)

Il trafficone (1974)

Amici miei (1975)

Professione reporter (1975)

La Pantera Rosa colpisce ancora (1975)

La belva col mitra (1977)

Napoli si ribella (1977)

Dove vai se il vizietto non ce l'hai? (1979)

ANNI '80 / *THE '80s*

La liceale al mare (1980)

Innamorato pazzo (1981)

Eccezzziunale veramente (1982)

Grandi magazzini (1986)

Scuola di ladri (1986)

ANNI '90 / *THE '90s*

I ragazzi fuori (1990)

Abbronzatissimi (1991)

Le comiche 2 (1992)

Caro diario (1993)

Un lupo mannaro a Parigi (1997)

Bagnomaria (1999)

ANNI 2000 / *THE 2000s*

I cento passi (2002)

Sotto il sole della Toscana (2003)

Che ne sarà di noi (2004)

La febbre (2005)

Tutte le donne della mia vita (2006)

Questa notte è ancora nostra (2008)

Nemico pubblico n. 1 (2008)

La prima linea (2009)

500 giorni insieme (2009)

ANNI 2010 / *THE 2010s*

Grand Hotel Budapest (2014)

007 JAMES BOND

La spia che mi amava
The Spy Who Loved Me (1977)
Octopussy (1983)

Fa caso a sé il mediometraggio *Apette*, presentato al Museo Piaggio di Pontedera in occasione del 60° anniversario. La regia è di Andrea Baldassarri.

A case apart is the film Apette, *directed by Andrea Baldassarri and presented at the Piaggio Museum in Pontedera on the occasion of the 60th anniversary.*

VITTORIO GASSMAN
IL MATTATORE
DORIAN GRAY · ANNA MARIA FERRERO
MARIO CAROTENUTO · ALBERTO BONUCCI
FOSCO GIACHETTI · LUIGI PAVESE · LINDA SINI
ALDO BUFI LANDI · PIERA ARICO
PEPPINO DE FILIPPO
DINO RISI

James Bond's all time high.
ALBERT R. BROCCOLI presents
ROGER MOORE
as IAN FLEMING'S
JAMES BOND 007
in
OCTOPUSSY

RIZZOLI FILM presenta
un film di PIETRO GERMI
UGO TOGNAZZI
GASTONE MOSCHIN e PHILIPPE NOIRET in
AMICI MIEI
con DUILIO DEL PRETE · OLGA KARLATOS con SILVIA DIONISIO
FRANCA TAMANTINI · ANGELA GOODWIN con MILENA VUKOTIC
e con BERNARD BLIER
e con ADOLFO CELI regia di MARIO MONICELLI
CARLO NEBIOLO
RIZZOLI FILM
TECHNOSPES

ENRICO MONTESANO · MICHELE PLACIDO · MASSIMO CIAVARRO
RENATO POZZETTO · CHRISTIAN DE SICA · MASSIMO BOLDI · LINO BANFI
ALESSANDRO HABER · LAURA ANTONELLI · HEATHER PARISI
NINO MANFREDI · PAOLO VILLAGGIO · PAOLO PANELLI · ORNELLA MUTI
Grandi Magazzini

NEMICO
PUBBLICO N.1
L'ISTINTO DI MORTE

LA PANTERA ROSA
COLPISCE ANCORA
PETER SELLERS
CHRISTOPHER PLUMMER
CATHERINE SCHELL HERBERT LOM
DVD

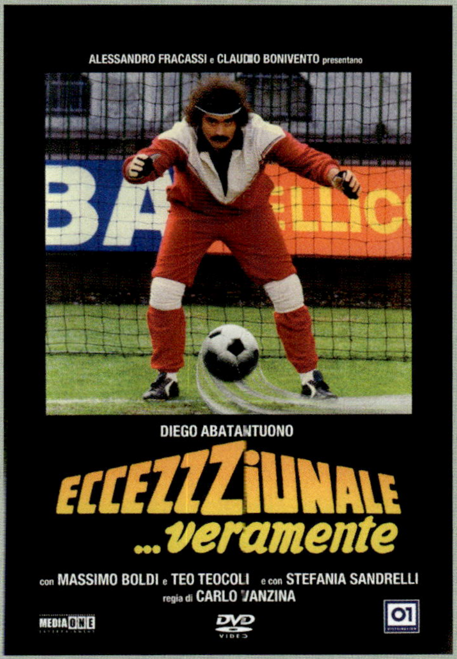
ALESSANDRO FRACASSI e CLAUDIO BONIVENTO presentano
DIEGO ABATANTUONO
ECCEZZZIUNALE
...veramente
con MASSIMO BOLDI e TEO TEOCOLI e con STEFANIA SANDRELLI
regia di CARLO VANZINA
DVD
01

Scuola di LADRI
con ENRICO MARIA SALERNO
Al ladro! MASSIMO BOLDI
Al ladro! PAOLO VILLAGGIO
Al ladro! LINO BANFI
un film di NERI PARENTI
DVD

SOTTO IL SOLE DELLA TOSCANA

FULVIO LUCISANO
TOM EVERETT SCOTT
JULIE DELPY
PIERRE COSSO
UN LUPO MANNARO AMERICANO A PARIGI
01

questa notte
è ancora nostra

un film di
alessandro d'alatri
la febbre
con fabio volo
valeria solarino
01

Un veicolo tanto speciale non poteva lasciare indifferenti gli appassionati. Nel corso degli anni sono apparse alcune pubblicazioni dedicate proprio all'Ape.
Tra tutti si segnala una pubblicazione ufficiale della Piaggio, *Il libro dell'Ape*, di Omar Calabrese e Marino Livolsi. È stato pubblicato nel 1998, in occasione del 50° anniversario dell'Ape.
L'Ape compare, in maniera ovviamente molto ridotta rispetto alla sua notissima consorella Vespa, in altre due pubblicazioni della Piaggio: *Una leggenda verso il futuro*, di Tommaso Fanfani, e *Un museo per sognare*, realizzato nel 2004 per celebrare i 120 anni dell'azienda e i 10 della Fondazione Piaggio.
Esistono poi dei testi realizzati da appassionati o da chi, con l'Ape, ha effettuato dei grandi raid. Tra i primi spiccano *La Lapa, antropologia del quotidiano* e *L'Ape, antropologia su tre ruote* entrambi di Franco La Cecla e Melo Minnella, pubblicati rispettivamente nel 2005 e nel 2009.
Per quanto riguarda i viaggi si segnala *Sulle ali di un'Ape, da Lisbona a Pechino in 212 giorni*, scritto nel 1998 da Paolo Brovelli e Giorgio Martino che il raid lo hanno compiuto.

I titoli dei libri
Book titles

Il libro dell'Ape (1998)
(Calabrese e Livolsi,
Immagine e Comunicazione/Piaggio)

Sulle ali di un'Ape, da Lisbona a Pechino in 212 giorni (1998)
(Brovelli e Martino, Corbaccio)

La Lapa e l'antropologia del quotidiano (2005)
(La Cecla e Minnella, Eleuthera)

L'Ape, antropologia su tre ruote (2009)
(La Cecla e Minnella, Eleuthera)

Such a special vehicle has naturally gained a faithful following of enthusiasts. Over the course of the years, a number of books about the Ape have been published.
They include an official Piaggio publication Il libro dell'Ape *by Omar Calabrese and Marino Livolsi. It was published in 1998, on the occasion of the 50th anniversary of the Ape.*
The vehicle also appears, albeit in a naturally minor role with respect to its famous sister the Vespa, in a further two Piaggio publications: Una leggenda verso il futuro, *by Tommaso Fanfani and* Un museo per Sognare, *published in 2004 to celebrate 120 years of the company and 10 of the Fondazione Piaggio.*
There are also books written by enthusiasts and those who have driven the Ape on great journeys. Among the former are La Lapa, antropologia del quotidiano *and* L'Ape, antropologia su tre ructe, *both by Franco La Cecla and Melo Minnella, published respectively in 2005 and 2009.*
With regard to the journeys, mention has to be made of Sulle ali di un'Ape, da Lisbona a Pechino in 212 giorni, *written in 1998 by the intrepid travellers Paolo Brovelli and Giorgio Martino.*

I GRANDI VIAGGI

EPIC JOURNEYS

Con la sua dote di infaticabile mezzo di trasporto era solo questione di tempo prima che qualcuno si cimentasse a bordo dell'Ape per realizzare arditissimi viaggi. E così è stato. Dalle sconfinate distese dell'Asia alle impegnative vette del Sud America: grandi viaggiatori hanno dimostrato la propria resistenza insieme a quella dell'Ape per compiere meravigliose avventure.

Ma senza andare così lontano va sottolineato come la passione per l'Ape coinvolga regolarmente tanti appassionati per il puro piacere di incontrarsi, scambiarsi opinioni e racconti sul proprio mezzo preferito. I raduni sono da questo punto di vista la perfetta esperienza che coinvolge un pubblico magari meno avventuroso ma ricco di passione.

C'è chi a bordo dell'Ape ha attraversato tutta l'Asia, fino a Pechino, partendo da Lisbona. Un viaggio di ben 25mila chilometri, compiuto nel 1998, della durata di sette mesi. Gli autori dell'impresa sono due italiani: Giorgio Martino e Paolo Brovelli. L'Ape utilizzato è il TM 703 rigorosamente di serie, vengono soltanto rinforzate le sospensioni per affrontare i lunghi tratti sconnessi in fuoristrada. Il motore è il due tempi a benzina. Martino non è nuovo ai viaggi compiuti in terre lontane con l'Ape: già nel 1987 aveva effettuato una traversata dell'Egitto, da Alessandria al confine con il Sudan, in 47 giorni. Ma certo la traversata del continente asiatico è ben più impegnativa. Un vero e proprio raid, dal titolo "Piaggio EurAsia Expedition", che percorre una delle tracce della mitica Via della Seta.

Non ci sarebbe bisogno di provare la sua robustezza. Comunque l'Ape conferma le sue grandi doti accompagnando in giro per il mondo degli avventurosi globe-trotter.

There was really no need to demonstrate its robustness, but the Ape nonetheless confirmed its versatility by carrying adventurous globetrotters to every corner of the world.

Asia o America del Sud: non ha importanza, l'Ape arriva ovunque e consente di vivere straordinarie spedizioni in terre sconosciute. Quanto è lontana Pontedera!

Asia or South America: the Ape always reached its destination and featured in remarkable expeditions to unknown lands. Pontedera seems a world away!

With its qualities as a tireless means of transport it was only a question of time before someone decided to tackle more daring journeys aboard an Ape. And so it came to pass. From the boundless expanses of Asia to the demanding peaks of South America: great travellers have given proof of their own stamina and that of the Ape in undertaking fantastic adventures.

It is not always necessary to go so far to find the passion that regularly brings together numerous enthusiasts for the pure pleasure of meeting up and exchanging opinions and stories about their favourite vehicle. The rallies are perfect from this point of view, appealing to a public that is perhaps less adventurous but nonetheless passionate.

There are those who have traversed the whole of Asia through to Beijing, having started out from Lisbon, a marathon journey of no less than 25,000 kilometres that lasted seven months in 1998. The travellers were two Italians: Giorgio Martino and Paolo Brovelli. The only modifications made to their standard Ape TM 730 were reinforcements to the suspension to cope with long stretches on rough, unsurfaced roads. The engine was the classic two-stroke petrol unit. Martino was by no means new to travelling by Ape in distant lands: in 1987 he had crossed Egypt from Alessandria to the border with Sudan in 47 days. The crossing of the Asian continent was certainly far more demanding. A raid baptised as the "Piaggio EurAsia Expedition" that followed one of the routes of the legendary Silk Road.

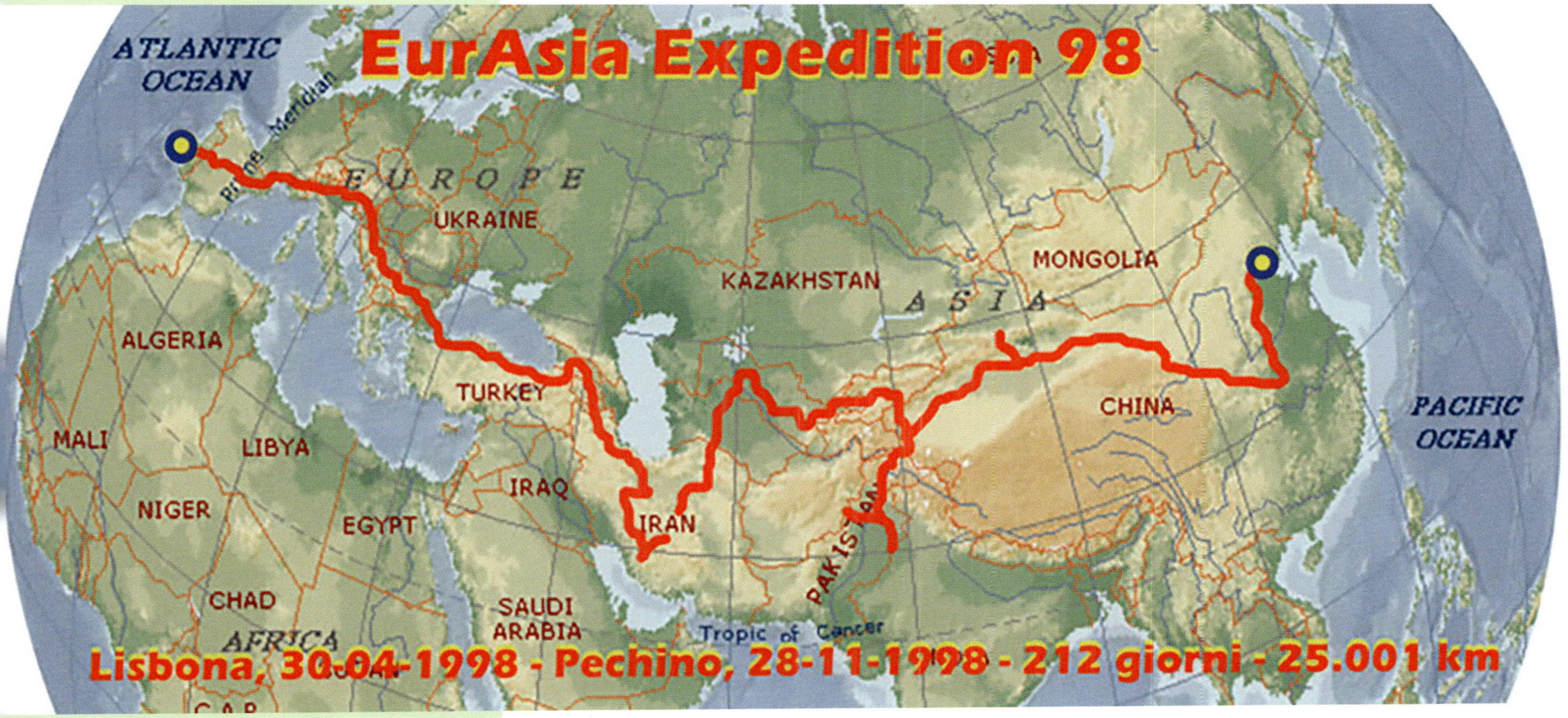

Nel 2011 altra grande impresa a bordo dell'Ape. Oltre quattromila chilometri percorsi attraverso le Ande, dall'Ecuador (Quito) al Perù (Machu Picchu). Una traversata di 30 giorni affrontata dal Taurinorum Travel Team dei torinesi Ludovico de Maistre, Carlo Alberto Biscaretti e Paolo Rignon. E gli stessi protagonisti, un anno dopo, effettuano un'altra spedizione sudamericana: dalla Colombia (Bogotà) al Messico (Chichén Itzá).

Tra le altre imprese si segnala il viaggio compiuto nel 2002 attraverso le Alpi: 1600 chilometri, da Sanremo a Hannover. Protagonista è un giornalista tedesco, Markus Golletz, insieme a Corina Winter. Nello stesso anno si svolge anche un raid da Firenze a Capo Nord e ritorno, compiuto da Alessandro Tarducci e Alessio Bacci. Un viaggio di 11mila chilometri in 60 giorni.

Nel 2004 gli stessi due apisti organizzano un'altra spedizione, da Firenze fino a Dakar (Senegal). Un arrivo che coincide con quello dei piloti che negli stessi giorni hanno effettuato, con ben altri mezzi, la mitica Parigi-Dakar.

Dopo tante fatiche di viaggio questo Ape fa bella mostra di sé nel Museo Piaggio a Pontedera.

After thousands of kilometres this hard-working Ape is now at rest in the Piaggio Museum in Pontedera.

La proverbiale robustezza dell'Ape consente imprese al limite del possibile attraversando lunghi tratti in fuoristrada.

The proverbial robustness of the Ape permits extreme feats and the covering of long off-road stretches.

2011 saw another grandiose adventure aboard an Ape. More than 4000 kilometres across the Andes, from Ecuador (Quito) to Peru (Machu Picchu). A 30-day journey tackled by the Taurinorum Travel Team composed of Ludovico de Maistre, Carlo Alberto Biscaretti and Paolo Rignon from Turin. The following year, the same trio undertook another South American expedition, from Colombia (Bogotà) to Mexico (Chichén Itzá).
Other feats have included a crossing of the Alps in 2002: 1600 kilometres between Sanremo and Hannover. This time, the protagonist was a German journalist, Markus Golletz, together with Corina Winter. That same year also saw a raid from Florence to North Cape and back by Alessandro Tarducci and Alessio Bacci. A journey of 11,000 kilometres covered in 60 days.
In 2004, the two Apisti *organized another expedition, from Florence to Dakar (Senegal). Their arrival was timed to coincide with the finish of the legendary Paris-Dakar race featuring very different vehicles.*

I raid più importanti
The most important expeditions

1998:
Lisbona-Pechino (25.000 km) - Giorgio Martino, Paolo Brovelli.

2002:
Firenze-Capo Nord-Firenze (11.000 km) - Alessandro Tarducci, Alessio Bacci.

2004:
Firenze-Dakar (6000 km) - Alessandro Tarducci, Daniele Boretti.

2011:
Ecuador-Perù (3000 km) - Ludovico de Maistre, Carlo Alberto Biscaretti, Paolo Rignon.

2012:
Colombia-Messico (5000 km) - Ludovico de Maistre, Carlo Alberto Biscaretti, Paolo Rignon.

1998:
Lisbon-Beijing (25,000 km) - Giorgio Martino, Paolo Brovelli.

2002:
Florence-North Cape-Florence (11,000 km) - Alessandro Tarducci, Alessio Bacci.

2004:
Florence-Dakar (6000 km) - Alessandro Tarducci, Daniele Boretti.

2011:
Ecuador-Peru (3000 km) - Ludovico de Maistre, Carlo Alberto Biscaretti, Paolo Rignon.

2012:
Colombia-Mexico (5000 km) - Ludovico de Maistre, Carlo Alberto Biscaretti, Paolo Rignon.

CLUB E RADUNI

CLUBS AND RALLIES

La passione di tanti appassionati che hanno l'Ape nel cuore porta alla costituzione della prima associazione ufficiale. Il 6 gennaio del 2006, a Firenze, viene fondato ufficialmente l'Ape Club d'Italia. Presidente è Fabio Cofferati, importante coordinatore che riesce ad organizzare e mettere in contatto tante realtà fino a quel momento tra loro scollegate. Il riferimento ovviamente resta il Vespa Club d'Italia, che ha già svariati decenni di vita ed è diventato il punto di riferimento per tantissimi appassionati. Gli obiettivi sono chiari: mettere in contatto i possessori affinché possano scambiarsi utili informazioni sui propri mezzi, come avviene per esempio nelle fasi del restauro. Ma si tratta anche di coinvolgere gli appassionati organizzando mostre e raduni in tante manifestazioni dedicate.
Molto importante è la possibilità di mettere a disposizione le proprie competenze per quanto riguarda i modelli storici: la salvaguardia dei modelli del passato è giustamente ritenuta di primaria importanza. E Apevintage ha istituito un vero e proprio registro storico per censire i modelli circolanti, in Italia e nel mondo. Esiste un forte interesse anche in Paesi lontani, come gli Stati Uniti: persino oltreoceano ci si impegna a valorizzare il passato dell'Ape.

Ape e web
Ape and the web

Il sito ufficiale dell'Ape Club Italia è:
www.apevintage.com

Il riferimento negli Stati Uniti:
www.vespaape.com

The official site of the Ape Club Italia is
www.apevintage.com

The site of reference in the United States is instead
www.vespaape.com

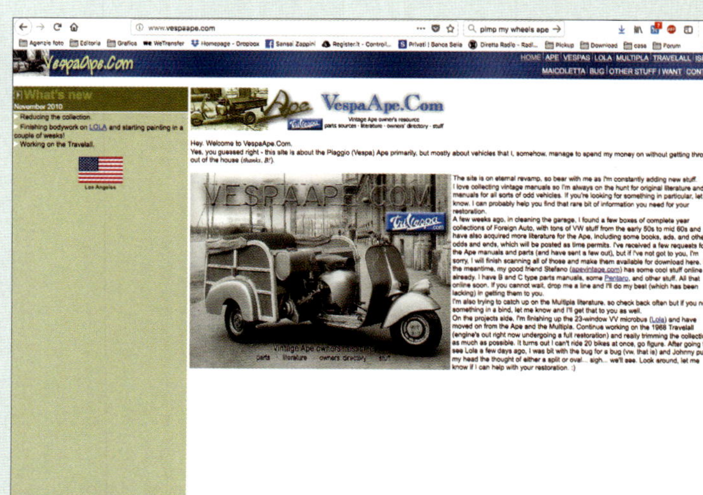

The passion shared by many Ape enthusiasts led to the constitution of the first official association. The Ape Club d'Italia was officially founded on the 6th of January 2006, in Florence. The president was Fabio Cofferati, a talented coordinator who succeeded in organizing and linking numerous hitherto isolated groups. The point of reference was naturally the Vespa Club d'Italia, which had been around for decades and had become a focus for thousands of enthusiasts. The objectives were clear: bringing owners into contact so that they could exchange useful information about their vehicles, perhaps during their restoration. However, enthusiasts were also involved in the organization of exhibitions, rallies and numerous dedicated events.
Of particular importance is the possibility of making available one's skills with regards to the historic models: the safeguarding of the older vehicles is rightly felt to be of primary importance. Apevintage has in fact constituted a historical register to record all the models still on the roads in Italy and around the world. There is also great interest in distant countries such as the United States: there are those committed to valorizing the Ape's history even on the other side of the Atlantic.

I raduni rappresentano un emozionante momento di incontro per tanti appassionati.

The rallies represent an exciting opportunity to meet up for many enthusiasts.

Nel 2003 si è svolto a Pistoia il primo Raduno Ape 50. Promossa dal concessionario Piaggio locale, Gorgeri, l'iniziativa ha ottenuto un riscontro oltre ogni aspettativa e ha visto l'incontro di oltre cento partecipanti. Nell'ambito della manifestazione sono stati anche consegnati due premi, rispettivamente per la miglior personalizzazione e per il miglior impianto stereo.
A partire dal 2008, con i festeggiamenti per i 60 anni dell'Ape, si sono svolti vari raduni a carattere europeo. Nel 2017 (con un po' di anticipo...) si sono festeggiati ad Aosta i primi 70 anni.
Queste occasioni sono la conferma, se mai ce ne fosse bisogno, della grande passione che c'è dietro un mezzo così speciale, capace di suscitare enormi entusiasmi. Ai raduni si può toccare con mano il mondo di appassionati che sono capaci anche di lunghe trasferte pur di essere presenti a questi eventi associativi. Sicuramente è un caso unico per quanto riguarda i mezzi di trasporto commerciali!

2003 saw the first Ape 50 Rally at Pistoia. Promoted by the local Piaggio dealer, Gorgeri, the event was successful beyond all expectations, with more than 100 people taking part. Two prizes where awarded within the ambit of the rally, for the best customization and for the best stereo system.
From 2008, with the celebrations for the first 60 years of the Ape, various European rallies were held. In 2017 the first 70 years were celebrated in Aosta (a little ahead of schedule).
These occasions confirmed, if ever it were necessary, the great passion lying behind such a special vehicle, one capable of arousing enormous enthusiasm. The rallies provide an insight to the world of the enthusiast who are quite willing to undertake long trips to be present at these club events. This is undoubtedly a unique case with regard to commercial vehicles!

A partire dal 60° anniversario l'appuntamento per il raduno Euroape ha cadenza annuale.

From the 60th anniversary onwards, the Euroape rally has been held annually.

Euroape

2008: Pontedera (Pisa)
2009: Desenzano del Garda (Brescia)
2010: Biella
2012: Trevi (Perugia)
2014: Castello di Pavone Canavese (Torino)
2015: Trevi (Perugia)
2016: Mondaino (Rimini)
2017: Codroipo (Udine)

ALLESTIMENTI SPECIALI E MERCATI ESTERI

SPECIAL VERSIONS AND FOREIGN MARKETS

Una delle infinite varianti realizzate sul pianale dell'Ape.

One of the infinite variations made on the Ape floor.

Il ruolo assunto dall'Ape nel corso degli anni lo rende un mezzo di trasporto pressoché unico nel suo genere. Con il modello 50 copre la necessità del trasporto leggero, con i fratelli maggiori si sale di portata fino a sovrapporsi ai più potenti motocarri. Ma è la straordinaria versatilità la migliore qualità dell'Ape: sono moltissime le configurazioni che lo vedono protagonista sul mercato. Con il pianale, certamente, ma anche con il cassone chiuso, ed il cassone ribaltabile; e poi ancora in versione "giardinetta" per il trasporto di persone, addirittura dotato di capote in tela.

Un'immagine che riporta agli anni Cinquanta. È emblematica non solo del periodo ma anche della versatilità dell'Ape.

A photo that takes us back to the Fifties. Emblematic not only of the period but also of the Ape's versatility.

The role played by the Ape over the course of the years makes it a virtually unique means of transport. The 50 model covers the need for light transport, while with its larger brethren and its carrying capacity rises to the point where it overlaps with more powerful three-wheeler vehicles. However, the strong suit of the Ape is its extraordinary versatility: numerous configurations have made it a protagonist on the market. With a flat bed, of course, but also with a closed van body, a tipping body and the "Giardinetta" version equipped with a canvas hood for transporting passengers (the Italian term Giardinetta was frequently used for estate or shooting brake car body styles N.T.*).*

Una bella parata di Ape pronti ad entrare in servizio. Il mezzo si rivela perfetto per le esigenze di tante aziende che devono effettuare interventi con rapidità e in sicurezza.

A fine parade of Apes, ready to go into service. The vehicle proved to be ideal for the demands of many companies needing to make rapid, safe trips.

La versione giardinetta è sempre stata la più fascinosa di tutte. Era dedicata al trasporto di passeggeri, quindi normalmente legata a località turistiche e momenti di assoluto relax. Una volta tanto... niente merci!

The "giardinetta" version was always the most attractive. It was dedicated to the carrying of passengers and therefore generally associated with tourist resorts and moments of complete relaxation. And for once, no goods to deliver!

Fin dall'inizio del suo progetto, per l'Ape è stata pensata la configurazione che prevedeva il trasporto di passeggeri. Il primo prototipo risale addirittura al 1947, caratterizzato da una carrozzeria posteriore in metallo, un divanetto per due e la capote richiudibile. Per distinguerlo dal modello dedicato al solo trasporto merci ci sono un paio di raffinatezze stilistiche: il manubrio e il pedale del freno sono cromati e non verniciati. L'idea si basa anche sull'osservazione di un potenziale vastissimo campo di utilizzo in alcuni Paesi dell'Estremo Oriente, dove ancora è diffusa la trazione... umana. Il modello di serie è pronto per la primavera del 1948 e prende il nome di Giardinetta. Il modello successivo, con la cilindrata aumentata da 125 a 150 cc, sarà denominato Calessino. Un nome evocativo, che non a caso verrà ripreso sessant'anni più tardi per una versione davvero speciale.

Inizialmente la configurazione prevede la parte motrice strutturata esattamente come la Vespa, con il guidatore esposto al vento: non si è molto lontani dalla carrozzella trainata dal cavallo. La situazione migliora negli anni Sessanta quando il guidatore si trova riparato da una cabina in lamiera, mentre ai passeggeri è rimasta come riparo la sola capote. In compenso migliora l'accesso ai sedili posteriori grazie alle portiere laterali.

RIBALTABILE METALLICO

Dimensioni interne carrozzeria: cm. 114×22×112
Può essere fornito anche con la cabina. Il ribaltamento avviene automaticamente con il semplice spostamento d'una leva.

PIANALE METALLICO

Dimensioni interne carrozzeria: cm. 120×27×111
Il cassone che ha il bordo posteriore ribaltabile è rinforzato da nervature verticali e orizzontali.

Con cabina. Alla struttura portante del telaio è applicabile una cabina metallica che è dotata posteriormente di una paratia o di una traversa di appoggio per il pilota.

Con cabina e porte. La cabina può essere dotata di sportelli laterali che vengono forniti come accessori. In tal modo si ottiene un ambiente completamente chiuso che offre perfetta protezione e visibilità.

FURGONE METALLICO

Dimensioni interne carrozzeria: cm. 125×73×114
Il cassone metallico che è stato convenientemente rinforzato ha una porta posteriore a due battenti.

Con cabina. Di costruzione particolarmente solida ed elegante. Costituisce un complemento necessario sia per il pilota che per l'estetica del veicolo.

Con cabina e porte. La cabina dotata di sportelli laterali, è munita nella parte anteriore di un ampio trasparente con tergicristallo. In tal modo il furgone metallico, pur rimanendo pratico come un motociclo, viene ad essere confortevole come un camioncino.

CALESSINO

Dimensioni interne carrozzeria: cm. 109×40×104
Può trasportare tre passeggeri oppure 250 Kg. di merce e una seconda persona sul sedile anteriore.

From the outset, the Ape could be configured for the transportation of passengers. The first prototype actually dates back to 1947, characterised by rear bodywork in metal, a bench seat for two people and a folding hood. A couple of stylistic touches distinguished it from the goods transport model: the handlebar and the brake pedal were chrome-plated rather than painted. The idea was in part based on the identification of a potentially vast market in certain Far Eastern countries where human-powered transportation was still widespread. The production model was ready in the spring of 1948 and was given the name Giardinetta. The follow-up model with the displacement increased from 125 to 150 cc was instead called the Calessino [in reference to its resemblance to a caleche or horse-drawn buggy, N.T.*]. This evocative name was to be revived 60 years later for a very special version.*
Initially, the motorised section replicated the Vespa, with the driver exposed to the elements: the configuration really was very close to that of a small horse-drawn carriage. The situation improved in the 1960s when the driver had the luxury of a sheet metal cab, while the only shelter for the passengers was still the canvas hood. On the other hand, access to the rear seats was improved thanks to the side doors.

È la stessa Piaggio a fornire fin dall'inizio la possibilità di scegliere tra le varie tipologie di trasporto. Molto apprezzata, nel caso del cassone aperto, la funzione ribaltabile.

From the outset Piaggio itself provided various different versions. In the case of the open bed, the tipping option was particularly popular.

ape car
con scala
a sfilo girevole

APE CAR CON SCALA A SFILO GIREVOLE

Questo tipo di scala, montata su telaio Ape Car, è particolarmente adatta alla costruzione e alla manutenzione degli impianti di pubblica illuminazione o, comunque, per tutti quei lavori che richiedono rapidi spostamenti.
La scala, costruita secondo le vigenti norme antinfortunistiche è formata da tre tronchi per una altezza massima totale di mt. 9,45 ed è realizzata con montanti e gradini in legno pregiato e irrobustita da un'intelaiatura in tubo di acciaio trafilato. In posizione di marcia, una estremità della scala poggia su di una incastellatura che impedisce movimenti trasversali durante la corsa.
Il sollevamento della volata si ottiene azionando l'apposito verricello; gli scrocchi automatici permettono l'arresto dei singoli tronchi su ogni gradino.

Un'interessante versione speciale vede l'Ape dotato di scala girevole per poter accedere agli impianti d'illuminazione cittadini. La lunghezza alla massima estensione porta la scala a ben 4 metri, sufficiente per consentire la manutenzione ai lampioni cittadini. La scala stessa è particolarmente robusta, realizzata in acciaio con elementi scatolati e gradini in legno. Per la messa in opera viene impiegato un apposito verricello. La stessa tipologia di allestimento viene utilizzata per tutte le condizioni di considerevole altezza, come per esempio per l'arredo urbano o per tabelloni pubblicitari. Una soluzione ingegnosa che grazie all'impiego dell'Ape si rivela relativamente semplice e senza eccessivi costi.

Un'immagine di un Ape a casa sua, a Genova. Ma grazie alla sua versatilità l'Ape si trova a proprio agio anche lontanissimo da qui, in Estremo Oriente e in Sud America.

An image of an Ape at home, in Genoa. Thanks to its versatility, the Ape was perfectly ease far from Italy, in the Far East and South America for example.

An interesting special version saw the Ape equipped with a rotating ladder allowing access to urban street lighting systems. The ladder could be extended to a maximum length of no less than four metres, sufficient for the maintenance of streetlights. The ladder itself was particularly robust, fabricated in box-section steel elements with wooden steps. A winch was used to raise it to the required height. A similar configuration could be used in all situations involving considerable heights, such as street furnishings and billboards. An ingenious design that thanks to the Ape proved to be relatively simple and inexpensive.

Ci sono impieghi, come questo delle scale, che solo l'Ape può affrontare in tutta sicurezza senza dover ricorrere a mezzi di dimensioni molto maggiori.

There are tasks, such as this one with ladders, that only the Ape can tackle in complete safety without having to make recourse to much larger vehicles.

La percentuale dei lavoratori impiegati nell'agricoltura è nei primi anni Cinquanta molto elevata. In questo periodo si rivela particolarmente utile l'impiego dell'Ape nella lavorazione dei campi. Non mancano quindi esempi di attività a dimostrazione dell'eccezionale versatilità del mezzo. L'Ape viene impiegato infatti non solo per il trasporto delle merci (dalla paglia ai bidoni di latte) ma addirittura per la stessa operazione di mietitura e trebbiatura. Molto spesso le fiancate sono allestite in modo da poter fissare gli attrezzi da lavoro, sempre comunque a portata di mano. Il pianale viene poi utilizzato per il trasporto, per esempio dei covoni di fieno o dei bidoni del latte. E naturalmente lo stesso mezzo è poi impiegato per trasportare le merci al mercato, carico di gerle e di cesti.

Un Ape al lavoro nei campi. Un'altra immagine emblematica che testimonia la campagna italiana degli anni Cinquanta mettendo sempre in evidenza anche l'estrema versatilità dell'Ape.

An Ape at work in the fields. Another emblematic photo showing the Italian countryside of the 1950s, underlining once again the extreme versatility of the Ape.

Huge numbers of workers were still employed in agriculture in the early Fifties. In this period the Ape was also widely used for field work. There are consequently numerous examples of activities that demonstrate the exceptional versatility of vehicle. The Ape was in fact used not only for transporting goods (from straw to milk churns), but even for harvesting and threshing operations. Frequently, the flanks were equipped to carry tools that were therefore always to hand. The flatbed was then used for carrying, for example, hay bales or milk churns. Naturally, the same vehicle would also be used to carry produce to the market, laden with panniers and baskets.

Ancora un Ape nei lavori agricoli. Un elemento normale negli anni Cinquanta quando l'attività lavorativa in Italia è ancora molto centrata nel settore dell'agricoltura.

The Ape undertaking agricultural work again. An everyday scene in the Fifties when agriculture was still the focus of daily work in Italy.

Fin dall'inizio l'Ape si è dimostrato un veicolo altamente ecologico. Quando ancora questo termine non esisteva la sua destinazione ai servizi di nettezza urbana si rivelava fondamentale per la pubblica amministrazione di molte città.

From the outset the Ape proved to be a highly ecological vehicle. Before the term ever became commonplace, its employment in the urban refuse collection sector was fundamental for the local authorities in many towns and cities.

In versione cassonetto portarifiuti o con pianale portabidoni l'Ape svolge queste umili ma importantissime mansioni fin dai primi anni della sua formidabile carriera. Nel primi anni Cinquanta le configurazioni sono spesso molto semplici e realizzate dagli artigiani. Ma non mancano esecuzioni più sofisticate, realizzate da vere e proprie carrozzerie specializzate. Tra i nomi spicca la Rossi Oleodinamica di Riccione, che nel corso degli anni si specializza sempre più nella fornitura di Ape dedicati all'igiene ambientale. Nelle versioni più sofisticate l'Ape è dotato di un cassone ribaltabile per facilitare la raccolta dei rifiuti. Nei primi modelli la configurazione prevedeva il guidatore all'aperto e con un semplice cassonetto fissato al telaio alle sue spalle. Successivamente la situazione migliora quando viene installata la cabina protettiva per il guidatore che si trova quindi separato dal suo carico.
Un super compito di pulizia è stato affrontato in occasione delle Olimpiadi di Atene, nel 2004, quando il comitato organizzatore ha ordinato decine di Ape per mantenere pulita la capitale greca.

Il vascone ribaltabile compie una funzione estremamente utile per lo scarico dei materiali della nettezza urbana. Un tipo di allestimento già previsto nella produzione interna.

The tipping bed was extremely useful for the dumping of urban refuse. This type of body was one of those offered by Piaggio itself.

In versions with a dumpster back or a bin-carrying flatbed, the Ape has performed these humble but vitally important tasks from the outset of its remarkable career. In the early Fifties, the designs were often very simple and fabricated by local craftsmen. There were also more sophisticated versions, produced by true specialist coachbuilders. They included Rossi Oleodinamica of Riccione, which over the years increasingly focussed its output on the supply of Apes dedicated to refuse collection. In the most sophisticated versions, the Ape is equipped with a tipper bed to facilitate refuse collection. In the early models the configuration provided for an open cockpit and a simple cargo bed fixed to the chassis behind it. In a subsequent improvement a closed cab was introduced for the driver who was therefore separated from his load.

A particularly intensive cleaning task was tackled on the occasion of the Athens Olympics in 2004, when the organizing committee ordered dozens of Apes to keep the Greek capital clean.

Assolutamente unico il Pentarò, con la sua elevatissima capacità di carico.

The Pentarò was absolutely unique with its extremely high loading capacity.

Tra tutti i modelli di Ape costruiti il Pentarò rappresenta una vera e propria eccezione dato che di ruote ne ha ben cinque. Due sono infatti dedicate al rimorchio, con il quale il Pentarò può competere anche davanti a mezzi di categoria superiore. Il successo arriva presto: grazie al suo prezzo d'acquisto abbordabile, soprattutto se comparato alla notevole portata (700 kg), il Pentarò è capace di ritagliarsi una nicchia di mercato a sé stante, praticamente senza concorrenti.
Le varianti sono pressochè infinite: si va dal trasporto ai concessionari della stessa Vespa (a volte addirittura su due piani!) ai piani ribaltabili per la nettezza urbana, dai trasporti eccezionali alla versione porta passeggeri, dal servizio antincendio al telaio con scala telescopica. E, naturalmente, avendo parecchio spazio a disposizione il Pentarò si presta benissimo alla comunicazione pubblicitaria per le varie aziende: ne fanno largo uso, per esempio, la Coca Cola e la Nestlè. Resta celebre l'immagine della Roman New Orleans Jazz Band che si esibisce a bordo del Pentarò per le strade di Roma.

Come già i suoi "fratelli" anche il Pentarò poteva essere allestito con il cassone aperto oppure chiuso.

As with its fellow Apes, the Pentarò could with specified with an open or closed cargo bed.

8.5 A SPECIAL CASE: PENTARÒ

Among all the Ape models, the Pentarò was a true exception in that rather than three it had no less than five wheels. Two were in fact dedicated to the trailer, thanks to which the Pentarò could compete with vehicles from higher categories. Success was assured: thanks to its reasonable purchase price, especially in view of its notable loading capacity (700 kg), the Pentarò proved capable of carving out a niche market of its own, practically without rivals.

The variants were all but infinite: they ranged from transporters for ferrying Vespas to the dealers (some with two decks!) to tipper trucks for refuse collection, from oversize transport to passenger carrying versions, from fire trucks to chassis with telescopic ladders. Given the space available, the Pentarò was also a popular means of advertising for diverse companies: for example, Coca Cola and Nestlè both made wide use of the vehicle. There are celebrated photos of the Roman New Orleans Jazz Band performing aboard a Pentarò along the streets of Rome.

Il magnifico Pentarò realizzato nel 1965 per il corpo dei Vigili del Fuoco di Lucca: oggi lo si può ammirare al Museo Piaggio.

The magnificent Pentarò built in 1965 for the Lucca Fire Service: today it is on display in the Piaggio Museum.

Nel terzo millennio l'Ape riceve un nuovo impulso e viene adottato da moltissime aziende artigianali per l'esposizione e la vendita della propria merce. Dai gelati alla frutta, dai panini alle caldarroste, dal caffè alla cioccolata. Il progetto nasce dalla stessa Piaggio, in collaborazione con la società Leonardo di Milano. Nasce così il progetto "Ristorape" che si rivela d'immediato successo. La sua formula vincente è data dai costi ridotti e dagli immediati tempi di messa in opera.
Ma naturalmente è la possibilità di personalizzare il mezzo quello che rende l'Ape perfetto per queste iniziative, e la fantasia delle decorazioni spazia in un'infinita varietà di sagome e colori. La creatività si manifesta anche con la presenza di vari accessori (come il roll bar) e alla trasformazione non resta immune neppure l'interno, a sua volta stravolto nei colori e spesso dotato di un esagerato impianto stereo. Con l'Ape il *marketing* diventa... viaggiante!
Ne approfittano anche i giganti del settore, come la Coca Cola che, nel 2010, attraversa tutta l'Italia con il suo Ape attrezzato per il Coca Light Tour. Ancora: la Tramezzino.it allestisce un Ape che nel Fuorisalone di Milano (evento *clou* insieme al Salone del Mobile) spicca per la sua produzione di alta gastronomia.

In the third millennium, the Ape has been given fresh impetus and has been adopted by many small companies for the exposition and sale of their goods. From ice cream to fruit, from sandwiches to roast chestnuts, from coffee to hot chocolate. The project was developed at the behest of Piaggio itself, in collaboration with the Leonardo company of Milan. The "Ristorape" project that emerged proved to be an immediate success. Its winning formula was based on reduced costs and lead times.
Naturally, it is the possibility of customizing the vehicle that makes the Ape perfect for these initiatives and the creative customizations cover a limitless variety of forms and colours. Numerous accessories (such as a roll bar) were offered and the interior was also transformed with new colours and frequently an oversized stereo system. With the Ape, marketing goes out on the road!
Major corporations have also got in on the act; in 2010, for example, Coca Cola roamed Italy with its Ape on the Coca Light Tour. Tramezzino.it also prepared an Ape for Milan's Fuorisalone (the fringe events to the major design and furniture show) that stood out for its gourmet food offerings.

L'Ape inizia una seconda vita a partire dal terzo millennio quando viene attrezzato per tantissime piccole attività commerciali. L'unico limite... è la fantasia! A fianco, il punto di ristorazione all'interno del Museo Piaggio. Un Ape, ovviamente!

The Ape caught its second wind in the third Millennium when it was customised for numerous small businesses. The only limit... is your imagination! Right, the cafeteria in the Piaggio Museum. An Ape, of course!

Fin dall'inizio della sua produzione l'Ape è realizzato in versioni speciali per i mercati esteri.

From the start the Ape was produced in special versions for the foreign markets.

L'Ape incontra un successo di particolare rilevanza in diversi mercati esteri. In particolare alcuni Paesi in via di sviluppo trovano nell'Ape il mezzo perfetto per risolvere tanti problemi di trasporto, sia per le persone sia per le merci. Per il Pakistan, per esempio, viene realizzata una versione dedicata, siglata P175, commercializzata negli anni Ottanta. In questo caso l'allestimento è personalizzato nel trasporto di passeggeri e sono previste alcuni interventi per semplificarne l'uso: la messa in moto, per esempio, è manuale anziché con avviamento elettrico. In altri casi si tratta di assemblare i componenti che vengono importati dall'Italia: è il caso, per esempio, dell'Uruguay e del Camerun.
In alcuni Paesi invece l'Ape viene costruito su licenza. È il caso della Malesia (stabilimento a Kuala Lumpur), di Singapore (stabilimento di Jurong), dell'Indonesia (stabilimento di Jakarta).
Ma non ci sono solo Paesi così lontani da Pontedera. Anche il mercato europeo ha visto una produzione dedicata quando le normative locali ne hanno imposto alcune modifiche a norma di legge. Si pensi alla Francia (con i modelli 50 negli anni Ottanta e 125 negli anni Settanta), Austria (modello 50 negli anni Ottanta), Olanda (modello Apecar 220 negli anni Settanta e Ottanta) e Spagna (modello 50 negli anni Novanta).

L'Ape in India
The Ape in India

Il mercato indiano, per le sue enormi dimensioni, rappresenta un panorama particolare nell'ambito dei Paesi extra-europei. Nel 2001 viene inaugurata la Piaggio Vehicles Private che in breve tempo raggiunge notevoli quote di mercato nel settore "cargo" di competenza dell'Ape. E grande successo riscuote anche il modello Passenger, adibito al trasporto delle persone. Lo stabilimento ha sede a Baramati e, dopo l'ampliamento del 2002, è in grado di incrementare i volumi produttivi in modo da soddisfare a grande richiesta del mercato interno: la produzione è di 150 veicoli al giorno.

Given its vast dimensions, the Indian market represents a particular case among the non-European countries. Piaggio Vehicles Private was founded in 2001 and rapidly achieved notable market shares in the cargo sector in which the Ape competes. The Passenger model configured for the carrying of people has also enjoyed great success. The factory was located at Baramati and after being extended in 2002 has proved capable of increasing production volumes in order to satisfy the great demand from the domestic market: 150 vehicles a day are produced.

La distribuzione estera avviene sotto varie forme: importazione diretta, assemblaggio dei componenti sul posto o fabbricazione su licenza.

Distribution abroad came in various forms: direct importation, the assembly of components in situ or manufacture under license.

The Ape has enjoyed particularly significant success on various foreign markets. In particularly, a number of developing countries have found the Ape to be the perfect vehicle to solve many transportation problems, for both passengers and goods. For example, a dedicated version, the P175, was created for Pakistan and put on sale in the 1980s. In this case, the configuration was for passenger transport and a number of modifications were made relating to ease of use: starting, for example, was manual rather than electric. In other cases, components shipped from Italy were assembled in situ, as in the cases of Uruguay and Cameroon.
Elsewhere, the Ape is built under license. This is the case in Malaysia (with a factory in Kuala Lumpur), in Singapore (the Jurong factory) and Indonesia (the Jakarta factory).
However, not all the countries concerned are so far from Pontedera. The European market has also seen its fair share of dedicated models when the local regulations required certain modifications to be made to comply with the law. Take for example, France (with the 125 and 50 models in the Seventies and Eighties respectively), Austria (the 50 model in the Eighties), Holland (the Apecar 220 model in the Seventies and Eighties) and Spain (the 50 model in the Nineties).

L'Ape in Giappone
The Ape in Japan

Nel 2004 la giapponese Alk Co. importa il modello 50 con una destinazione molto particolare: ogni Ape viene infatti allestito localmente per essere utilizzato come bar, in maniera specifica per la distribuzione di caffè. Ovviamente, si tratta di caffè espresso italiano.

In 2004, the Japanese firm Alk Co. imported the 50 model for a particular purpose: each Ape was in fact fitted out locally to be used as a bar, specifically for the distribution of coffee. Naturally, the coffee was Italian espresso!

Paesi europei o Paesi dall'altra parte del mondo: l'Ape ha una diffusione planetaria.

European countries or those on the other side of the globe: the Ape is found throughout the world.

In Europa le più importanti organizzazioni di distribuzione si trovano in Francia (Vespa France), in Germania (Vespa GmbH) e in Svizzera (Rollag). Ma esistono aziende importatrici anche in Austria, Belgio, Danimarca, Grecia, Norvegia, Portogallo e Svezia.
Esistono poi Paesi come l'Uruguay e il Camerun dove sono in funzione stabilimenti di assemblaggio, dove i componenti importati dall'Italia sono integrati con elementi realizzati sul posto.

In Europe, the most important distribution networks are found in France (Vespa France), Germany (Vespa GmbH) and Switzerland (Rollag). There are also major importers in Austria, Belgium, Denmark, Greece, Norway, Portugal and Sweden.
In countries such as Uruguay and Cameroon, there are assembly plants where the components imported from Italy are integrated with elements fabricated locally.

L'Ape-scimmia
The Ape-monkey

Nella lingua anglosassone il termine "ape" significa "scimmia". C'è chi ne approfitta in senso ironico, come la Harley-Davidson che chiama appositamente "ape hanger" un tipo speciale del suo manubrio, caratterizzato da grandi dimensioni. Ma nel caso del tre ruote Piaggio proprio non era possibile impiegare questo termine e infatti in Inghilterra (così come in altri Paesi anglofoni, come Stati Uniti, Canada e Australia), l'Ape viene chiamato "Vespa Commercial".

While in Italian an "ape" (pronounced ah-pay) is a bee, in English of course it is a primate. While Harley-Davidson, for example, can use the slang term "ape hanger" for a special type of extended handlebar, in the case of the Piaggio three-wheeler, the name Ape just did not work in English-speaking countries. In fact, in the United Kingdom and other Anglophone countries such as the United States, Canada and Australia, the Ape was renamed as the "Vespa Commercial".

Ape o Vespa?
Ape or Vespa?

Nei Paesi che adottano lo spagnolo (Spagna e Argentina) l'Ape è denominato "Vespa Ape". Dove viene parlato il portoghese (Portogallo e Brasile) l'Ape diventa "Vespacar".
In Germania il nome è "Vespa Lastenroller" (cioè scooter da trasporto). In Francia la denominazione è "Trivespa". Come si può notare si cerca di sfruttare il più possibile il nome della Vespa, un riferimento di sicuro e conclamato successo.

In the Spanish-speaking countries (Spain and Argentina), the Ape was known as the "Vespa Ape". Where Portuguese was spoken (Portugal and Brazil) the Ape became "Vespacar".
In Germany, the name was "Vespa Lastenroller" (transport scooter). In France, the name was "Trivespa". As can be seen, the company has tried hard to exploit the name Vespa, a reference to clear and well established success.

LA MEMORIA STORICA

HISTORICAL MEMORY

L'ampia sfilata di Ape nel rinnovato Museo Piaggio (2018).

The ample display of Apes in the renovated Piaggio Museum (2018).

Il Museo Piaggio di Pontedera viene inaugurato il 29 marzo del 2000. L'investimento per la sede museale è di 3 miliardi di lire, in parte finanziati da fondi comunitari della CEE, dalla Regione Toscana e dalla Provincia di Pisa.
Ben lungi dal rappresentare esclusivamente una collezione dei modelli prodotti nel corso degli anni dal gruppo Piaggio (Vespa, Ape e Gilera) la sede espositiva è un vero e proprio polo culturale. Al suo interno si svolgono mostre e convegni di alto livello, senza mai perdere il legame storico con l'industria che li ospita. La sede stessa del museo, di circa tremila metri quadrati, è ricavata in uno dei capannoni più antichi dello stabilimento, quello della ex-attrezzeria. Ampio spazio viene poi dedicato alla libreria, al *bookshop* e naturalmente alla considerevole documentazione storica.
I principali modelli di Vespa e Gilera trovano ampio spazio in modo da poter essere ammirati nei particolari e la presenza di molti esemplari unici rende la visita particolarmente coinvolgente. Anche l'Ape trova qui la sua perfetta collocazione, anche se a causa delle dimensioni rilevanti rispetto alle consorelle a due ruote è presente con solo pochi ma significativi esemplari. In ogni caso, non solo moto: nel museo si possono ammirare anche un'automotrice ferroviaria del 1936 e un aereo P148 del 1951 a testimonianza del passato aziendale.
Sono due i cardini fondamentali del museo: la Fondazione Piaggio e l'Archivio Storico. La Fondazione viene istituita fin dal 1994 con lo scopo di incentivare tutte le attività culturali e scientifiche nel settore ed ha costituito il nucleo attorno al quale è stato

Le mostre più importanti
The most important exhibitions

2000 – Dall'elicottero alla Vespa
2002 – Chi Vespa... è già domani
2004 – 120° anniversario Piaggio
2006 – Creactivity+IDEA
2007 – I mille volti di Ape
2008 – Level4architecture
2009 – L'archeologia industriale in Italia (1978-2008)
2010 – Gente di Piaggio, 200 immagini per conoscersi
2010 – La Vespa e il cinema

2000 – From the helicopter to the Vespa
2002 – Chi Vespa...è già domani
2004 – Piaggio's 120th anniversary
2006 – Creactivity+IDEA
2007 – The myriad faces of Ape
2008 – Level4architecture
2009 – Industrial archaeology in Italy (1978-2008)
2010 – Piaggio People, 200 images to get to know one another
2010 – Vespa and the cinema

MUSEO PIAGGIO

Solo qui si possono ammirare i primi modelli, una grande emozione per molti appassionati.

Only here con you admire the earliest models, a great attraction for the many enthusiasts.

The Piaggio Museum at Pontedera was inaugurated on the 29th of March 2000. Three billion Lire were invested in the museum, in part financed by EEC funds, by the Tuscany Region and by the Province of Pisa.
Far from representing exclusively a collection of models produced over the course of the years by the Piaggio group (Vespa, Ape and Gilera), the exhibition space is a true cultural centre. It hosts exhibitions and conferences of a high level, without ever losing the historical contact with the industry behind it. The home of the museum, covering an area of around 3000 square metres, is situated in one of the oldest of the factory buildings, the former tooling department. Ample space is also devoted to the bookshop and naturally to the extensive historical documentation.
The principal Vespa and Gilera models are given ample of space and can be admired in all their details while the presence of numerous one-off models makes a visit all the more fascinating. The Ape is also well represented here, even though given its greater size with respect to its two-wheeled brethren, only a few of the most important examples are present. In any case, there is more than just motorcycles here: the museum also boasts a railcar from 1936 and P148 aircraft from 1951, testifying to the company's past endeavours.
There are two fundamental elements to the museum: the Piaggio Foundation and the Historical Archive.
The Foundation was instituted in 1994. The aim of the foundation was that of

GENTE
DI PIAGGIO
GENTE DI PIAGGIO
200 immagini per riconoscersi
anteprima
a cura di Tommaso Fanfani - Chiara Mani - Elena Colombini
Inaugurazione
Sabato 19 Dicembre
Orario dal martedì al sabato ore 10-18
Ingresso libero
museoPIAGGIO

FONDAZIONE PIAGGIO
centro multimediale del cinema
REGIONE TOSCANA
PROVINCIA DI PISA
COMUNE DI PONTEDERA
LA VESPA
E IL CINEMA
ideazione
Pier Marco De Santi
Tommaso Fanfani
realizzazione
Fondazione Piaggio
Centro Multimediale del Cinema
MUSEO PIAGGIO
5 Novembre 2010
15 Gennaio 2011
proiezioni di film a tema
dal 13 novembre 2010
al 15 gennaio 2011
Informazioni e programma:
www.lavespaeilcinema.it
museo@museopiaggio.it
Tel. 0587/27171 - 0587/271735
Museo Piaggio
Viale Rinaldo Piaggio, 7 56025 Pontedera (PI)
Partner tecnici
KRAUN
publiArt
Allianz Bank

Nel corso di questi ultimi anni, molteplici sono stati le mostre tematiche allestite all'interno del museo Piaggio: sempre momenti di incontro e di culture.
Fra i numerosi personaggi che hanno fatto visita, negli anni, al Museo di Pontedera anche Dario Fo e Franca Rame.

In recent years, there have been many thematic exhibitions staged in the Piaggio Museum and have always represented opportunities for exchange and cultural expression.
Among the numerous celebrities to have visited the museum at Pontedera over the years were Dario Fo and Franca Rame.

realizzato il progetto del museo. Dopo la prematura scomparsa del presidente, l'incarico è stato assunto dal professor Tommaso Fanfani, all'epoca docente di storia economica presso l'Università di Pisa e inizialmente direttore del progetto.

L'Archivio Storico promuove i progetti editoriali e raccoglie tutta la documentazione relativa alla produzione del passato in forma cartacea e su pellicola (fotografie, dépliant, disegni tecnici, campagne pubblicitarie, filmati), consultabile su richiesta. Ma non si tratta solo di valorizzare il passato aziendale, anzi. Sono moltissime le iniziative che da qui partono per guardare al futuro attraverso convegni, *stage* di formazione, cicli culturali, mostre d'arte, concerti, attività di ricerca.

Nel 2018 il museo viene completamente rinnovato ed ampliato. La nuova area espositiva cresce da 3000 ad oltre 5000 metri quadrati ma soprattutto aumenta considerevolmente il numero di pezzi esposti: oltre 250, con largo spazio dedicato anche alla Gilera. Ma per la prima volta fanno bella mostra di sé tante moto degli altri marchi appartenenti alla galassia Piaggio: Aprilia e Moto Guzzi. Noale e Mandello sono presenti con i loro modelli più importanti, quelli che hanno lasciato un segno nel cuore di tanti appassionati e hanno fatto la storia. E non mancano le più celebri versioni da competizione.

Ma la nuova esposizione farà felici anche i fan della Vespa, che pure era già degnamente rappresentata. Il numero di pezzi è decisamente aumentato, dando ampio spazio anche ai modelli che hanno girato il mondo. La rassegna storica non dimen-

La favolosa panoramica dei modelli esposti: sono rappresentate tutte le tipologie, dalla giardinetta al modello presidenziale, dal globetrotter al Pentarò dei pompieri, dal primo cassone al 50 anniversario.

The fabulous range of models on show: all the various types are represented, from the giardinetta to the presidential model, from the globetrotter to the Pentarò, from the first flat bed to the 50th anniversary model.

incentivising cultural and research activities in the sector and it constituted the nucleus around which the museum project was constructed. Following the premature death of the president, the position was filled by Professor Tommaso Fanfani, at the time a lecturer in economic history at the University of Pisa and initially the director of the project.
The Historical Archive promotes publishing projects and collates all the documentation relating to the Piaggio production of the past in printed form and on film (photos, brochures, technical drawings, advertising campaigns and films) which can be consulted on request. The aim is not solely to valorize the company's past, quite the contrary. Numerous initiatives start out here and look to the future through conferences, training placements, cultural seasons, art exhibitions, concerts and research projects.
In 2018 the museum was completely renovated and extended. The new exhibition area grew from 3000 to over 5000 square metres and above all the number of items on display increased considerably: over 250, with ample space also being dedicated to Gilera. For the first time numerous motorcycles from other marques belonging to the Piaggio galaxy have also been put on show: Aprilia and Moto Guzzi. Noale and Mandello are present with their most important models, those that have made their mark on the hearts of many enthusiasts and have created history. The most celebrated racing models are also represented.

L'esposizione com'era allestita nella sede precedente: bella ma non valorizzava l'Ape come quella attuale.

The previous display was attractive but did not valorize the Ape as well as the current presentation.

Non solo uno sguardo rivolto al passato: al Museo Piaggio c'è anche il futuro, con una sala dedicata al robot Gita: un assistente che ci può seguire dappertutto trasportando anche degli oggetti.

The Piaggio Museum looks to the future as well as the past, with a room dedicated to the robot Gita: an assistant that can follow us everywhere and even carry objects.

tica poi due importantissimi capitoli della storia Piaggio: si possono ammirare sia il Ciao sia l'Ape, in diverse versioni e in un contesto che li sa ampiamente valorizzare. Infine, il futuro: una sala è dedicata a Gita, il robot che segue in funzione di assistente personale. Ma la nuova esposizione farà felici anche i fan della Vespa, che pure era già degnamente rappresentata. Il numero di pezzi è decisamente aumentato, dando ampio spazio anche ai modelli che hanno girato il mondo. La rassegna storica non dimentica poi due importantissimi capitoli della storia Piaggio: si possono ammirare sia il Ciao sia l'Ape, in diverse versioni e in un contesto che li sa ampiamente valorizzare. Infine, il futuro: una sala è dedicata a Gita, il robot che segue in funzione di assistente personale.

The new exposition will also please the fans of the Vespa, which was already well represented. The number of pieces of display has been increased significantly, with ample space also being reserved for the models that have toured the world. The historical review also takes in two highly important episodes in Piaggio history: visitors can admire both the Ciao and the Ape, in diverse versions and in a setting in which they are suitably valorised. Last but by no means least, the future: a room dedicated to Gita, the robot that acts as a personal assistant.

L'Ape di oggi sbircia il passato aziendale a fianco del treno costruito dalla Piaggio nel 1936.

The Ape of today takes a peep at the company past alongside the train built by Piaggio in 1936.

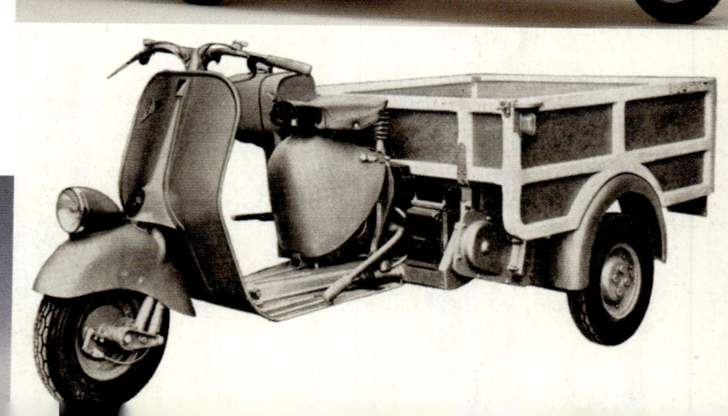

IL CATALOGO

THE CATALOGUE

MOTORI A BENZINA

PETROL ENGINES

A 125 (1947-1952)

Serie/*Series*

A1-A11: 1947-1950

A12-A15: 1951-1952

MOTORE - *ENGINE*

CILINDRI/TEMPI: MONO/ 2T - *CYLINDERS/CYCLE: SINGLE/TWO-STROKE*
CILINDRATA / *DISPLACEMENT*: 146.5 CC
ALESAGGIO X CORSA / *BORE AND STROKE*: 57 X 57 MM
RAPP. DI COMPRESSIONE / *COMPRESSION RATIO*: 6.5:1
POTENZA/GIRI: 5 CV/4800 - *POWER/RPM: 5 HP/4800 RPM*
COPPIA - GIRI / *TORQUE - RPM*: N.D.
RAFFREDDAMENTO: ARIA FORZATA / *COOLING: FORCED AIR*
DISTRIBUZIONE / PISTONE CON DEFLETTORE / *VALVEGEAR: DEFLECTOR PISTON*
ALIMENTAZIONE: CARBURATORE 18 MM / *FUEL SYSTEM: 18 MM CARBURETTOR*
MISCELA / *FUEL MIXTURE*: 5 %
ACCENSIONE: VOLANO-MAGNETE / *IGNITION: FLYWHEEL MAGNETO*
AVVIAMENTO: LEVA A MANO / *STARTING: HAND LEVER*
FRIZIONE: MULTIDISCO IN BAGNO OLIO / *CLUTCH: OIL BATH MULTIPLE PLATE*
CAMBIO: 4 MARCE - *GEARBOX: 4 SPEEDS*

CICLISTICA - *FRAME, WHEELS, SUSPENSION, BRAKES*

TELAIO: ACCIAIO / *FRAME: PRESSED STEEL*
SOSPENSIONE ANT.: RUOTA TIRATA / *FRONT SUSPENSION: TRAILING LINK*
SOSPENSIONE POST.: BARRE TORSIONE / *REAR SUSPENSION: TORSION BARS*
TRASMISSIONE FINALE: CATENE / *FINAL DRIVE: CHAIN*
RUOTE: LAMIERA, INTERCAMBIABILI / *WHEELS: PRESSED STEEL, INTERCHANGEABLE*
FRENO ANT.: TAMBURO 125 MM / *FRONT BRAKE: 125 MM DRUM*
FRENO POST. TAMBURO 127 MM / *REAR BRAKE: 127 MM DRUM*
PNEUMATICI / *TYRES*: 3.50 X 8"

DIMENSIONI/PESO - *DIMENSIONS/WEIGHT*

LUNGHEZZA / *LENGTH*: 2430 MM
LARGHEZZA / *WIDTH*: 1280 MM
ALTEZZA / *SEAT HEIGHT*: 700 MM
INTERASSE / *WHEELBASE*: 1600 MM
SERBATOIO / *FUEL TANK*: 5 LITRI/*LITRES*
PESO / *WEIGHT*: 135 KG

PRESTAZIONI DICHIARATE - *DECLARED PERFORMANCE*

VELOCITÀ / *MAXIMUM SPEED*: 45 KM/H
CONSUMO / *FUEL CONSUMPTION*: 30 KM/L

Come riconoscerlo / ***Identifying the model***

Il veicolo è privo di cabina / *Vehicle has no cab*
Il fanale è posto sul parafango / *Headlight located on the mudguard*
La sospensione anteriore è a sinistra / *Front suspension is on the left*

I colori: blu scuro, grigio-verde / *Colours offered: dark blue, grey-green*
Esemplari prodotti / *Examples produced*: 33.550
Portata cassone / *Loading capacity*: 250 kg

DOPO IL GRANDIOSO SUCCESSO DELLA MOTOLEGGERA
"VESPA,, LA S. p. Az. PIAGGIO & C. PRESENTA IL VEICOLO
Ape
MOTOFURGONE
UTILITARIO
PORTATA : 2 Quintali
VELOCITA': 40 Km. all'ora
PENDENZA: massima superabile 18 %
CONSUMO: 35 ÷ 40 Km. per litro
La circolazione del Motofurgone "Ape,, è regolata dalle stesse norme valevoli per la Motoleggera "Vespa,,
S. A. R. P. I. CONCESSIONARIA ESCLUSIVA PER LA VENDITA
GENOVA - Via Galata, 33

B

150 (1953-1956)

Serie/*Series*

B1: 1953-1954

B2: 1954

B3: 1955

MOTORE - ***ENGINE***
Cilindri/Tempi: mono/2T - *Cylinders/Cycle: single/two-stroke*
Cilindrata / *Displacement*: 146.5 cc
Alesaggio x corsa / *Bore and stroke*: 57 x 57 mm
Rapp. di compressione / *Compression ratio*: 6.5:1
Potenza/giri: 5 CV/4800 - *Power/rpm: 5 hp/4800 rpm*
Coppia - giri / *Torque - rpm*: n.d.
Raffreddamento: aria forzata / *Cooling: forced air*
Distribuzione / pistone con deflettore / *Valvegear: deflector piston*
Alimentazione: carburatore 18 mm / *Fuel system: 18 mm carburettor*
Miscela / *Fuel mixture*: 5 %
Accensione: volano-magnete / *Ignition: flywheel magneto*
Avviamento: leva a mano / *Starting: hand lever*
Frizione: multidisco in bagno olio / *Clutch: oil bath multiple plate*
Cambio: 4 marce - *Gearbox: 4 speeds*

CICLISTICA - ***FRAME, WHEELS, SUSPENSION, BRAKES***
Telaio: acciaio / *Frame: pressed steel*
Sospensione ant.: ruota tirata / *Front suspension: trailing link*
Sospensione post.: barre torsione / *Rear suspension: torsion bars*
Trasmissione finale: catene / *Final drive: chain*
Ruote: lamiera, intercambiabili / *Wheels: pressed steel, interchangeable*
Freno ant.: tamburo 125 mm / *Front brake: 125 mm drum*
Freno post. tamburo 127 mm / *Rear brake: 127 mm drum*
Pneumatici / *Tyres*: 3.50 x 8"

DIMENSIONI/PESO - ***DIMENSIONS/WEIGHT***
Lunghezza / *Length*: 2430 mm
Larghezza / *Width*: 1280 mm
Altezza / *Seat height*: 700 mm
Interasse / *Wheelbase*: 1600 mm
Serbatoio / *Fuel tank*: 5 litri/litres
Peso / *Weight*: 135 kg

PRESTAZIONI DICHIARATE - ***DECLARED PERFORMANCE***
Velocità / *Maximum speed*: 45 km/h
Consumo / *Fuel consumption*: 30 km/l

Come riconoscerlo / *Identifying the model*

Il veicolo è privo di cabina / *Vehicle has no cab*
Il fanale è posto sul parafango / *Headlight located on the mudguard*
B3, la sospensione anteriore è a destra / *B3, front suspension is on the right*

I colori: blu scuro, grigio-verde / *Colours offered: dark blue, grey-green*
Esemplari prodotti / *Examples produced*: 33.550
Portata cassone / *Loading capacity*: 250 kg

Motofurgone "Ape" con cassoncino aperto

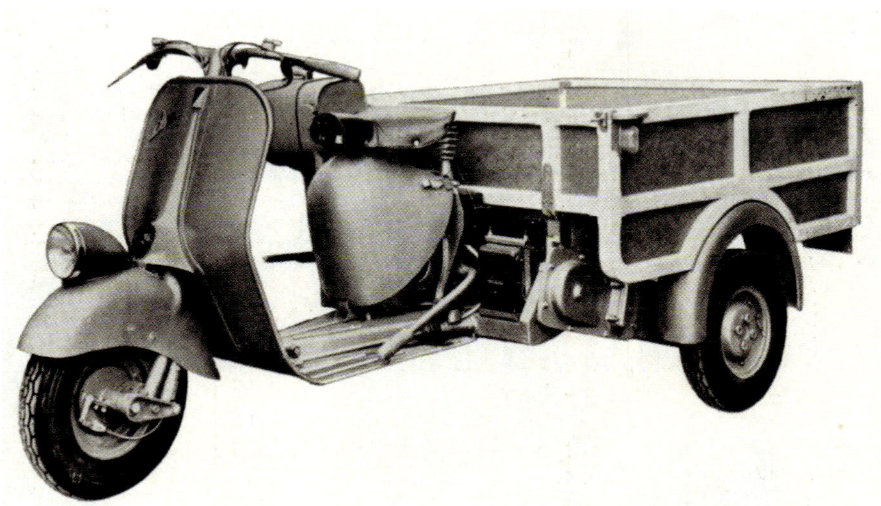

C 150 (1956-1967)

Serie / *Series*

C1:	1956-1958
C2:	1958-1960
C3:	1960-1961
C4:	1962-1967

MOTORE - *ENGINE*

Cilindri/Tempi: mono/2T - *Cylinders/Cycle: single/two-stroke*
Cilindrata / *Displacement*: 146.5 cc
Alesaggio x corsa / *Bore and stroke*: 57 x 57 mm
Rapp. di compressione / *Compression ratio*: 6.5:1
Potenza/giri: 5 CV/4800 - *Power/rpm: 5 hp/4800 rpm*
Coppia - giri / *Torque - rpm*: n.d.
Raffreddamento: aria forzata / *Cooling: forced air*
Distribuzione: pistone con deflettore / *Valvegear: deflector piston*
Alimentazione: carburatore 18 mm / *Fuel system: 18 mm carburettor*
Miscela / *Fuel mixture*: 5 %
Accensione: volano-magnete / *Ignition: flywheel magneto*
Avviamento: leva a mano / *Starting: hand lever*
Frizione: multidisco in bagno olio / *Clutch: oil bath multiple plate*
Cambio: 4 marce - *Gearbox*: *4 speeds*

CICLISTICA - *FRAME, WHEELS, SUSPENSION, BRAKES*

Telaio: acciaio / *Frame: pressed steel*
Sospensione ant.: ruota tirata / *Front suspension: trailing link*
Sospensione post.: barre torsione / *Rear suspension: torsion bars*
Trasmissione finale: catene / *Final drive: chain*
Ruote: lamiera, intercambiabili / *Wheels: pressed steel, interchangeable*
Freno ant.: tamburo 125 mm / *Front brake: 125 mm drum*
Freno post.: tamburo 127 mm / *Rear brake: 127 mm drum*
Pneumatici / *Tyres*: 3.50 x 8"

DIMENSIONI/PESO - *DIMENSIONS/WEIGHT*

Lunghezza / *Length*: 2430 mm
Larghezza / *Width*: 1280 mm
Altezza / *Seat height*: 700 mm
Interasse / *Wheelbase*: 1600 mm
Serbatoio / *Fuel tank*: 5 litri/*litres*
Peso / *Weight*: 155 kg

PRESTAZIONI DICHIARATE - *DECLARED PERFORMANCE*

Velocità / *Maximum speed*: 45 km/h
Consumo / *Fuel consumption*: 30 km/l

Come riconoscerlo / ***Identifying the model***

La cabina è di serie (prima volta) / *Cab is standard (for the first time)*
Il fanale è posto sul parafango / *Headlight located on the mudguard*
La sospensione anteriore è a destra / *Front suspension is on the right*

I colori: grigio-verde / *Colours offered: grey-green*
Esemplari prodotti / *Examples produced*: 173.850
Portata cassone / *Loading capacity*: 250 kg

Pagina 10 Gazzetta del Popolo Domenica 4 Febbraio 1962

Ape

nuovo modello 1962

PIAGGIO

cilindrata: 150 cc.
consumo: 1 lt. miscela 30 km.
velocità: 60 km. h.

PORTATA: 400 kg.

Il motofurgone più venduto in Italia e garantito da oltre 15 anni di esperienza costruttiva in grande serie.
Unico motofurgone a ruote indipendenti e senza l'ingombro del ponte posteriore.
Per queste sue caratteristiche risulta particolarmente molleggiato e adatto a qualsiasi tipo di strada e «fuori strada»

più sicuro:

le porte incernierate anteriormente si aprono «contro vento»

il vetro del parabrezza è di luce maggiore

lo schienale è munito di una paratia metallica protettiva

il freno di stazionamento agisce direttamente sulle ruote posteriori.

più comodo:

la cabina di maggiori dimensioni consente una più comoda abitabilità

il sedile di guida sensibilmente allargato è più accogliente

il cruscotto è dotato di una maggiore strumentazione

i tappetini di gomma completano il comfort della cabina.

il motofurgone più venduto

Vendite rateali da 6 a 24 mesi

TELAIO	PIANALE	PIANALE RIBALTABILE	FURGONE	FURGONE RIBALTABILE	CALESSINO
prezzo f.f. L. 265.000	prezzo f.f. L. 293.000	prezzo f.f. L. 285.500	prezzo f.f. L. 320.000	prezzo f.f. L. 355.000	prezzo f.f. L. 385.000

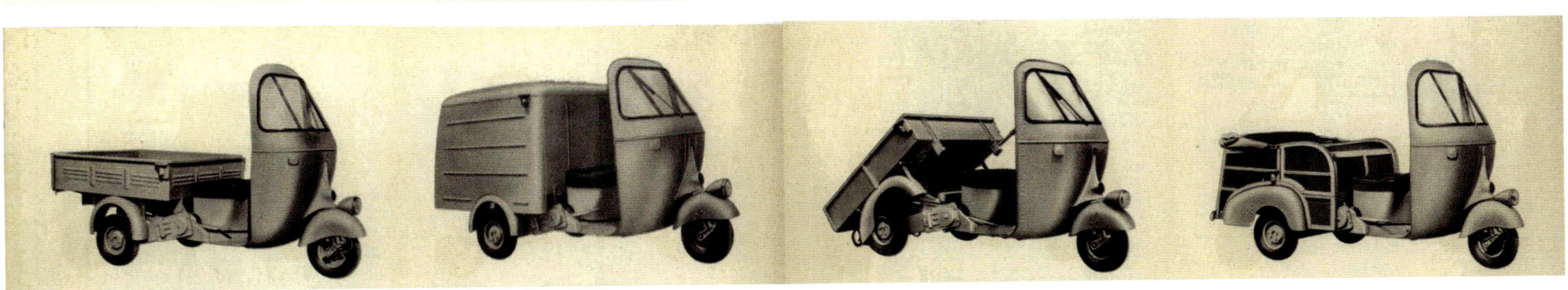

Pentarò 150 (1960-1964)

Serie/*Series*

A1:	1960
B1:	1961-1964

Motore - ***Engine***

Cilindri/Tempi: mono/2T - *Cylinders/Cycle: single/two-stroke*
Cilindrata / *Displacement*: 146.5 cc
Alesaggio x corsa / *Bore and stroke*: 57 x 57 mm
Rapp. di compressione / *Compression ratio*: 6.5:1
Potenza/giri: 5 CV/4800 - *Power/rpm: 5 hp/4800 rpm*
Coppia - giri / *Torque - rpm*: n.d.
Raffreddamento: aria forzata / *Cooling: forced air*
Distribuzione: pistone con deflettore / *Valvegear: deflector piston*
Alimentazione: carburatore 18 mm / *Fuel system: 18 mm carburettor*
Miscela / *Fuel mixture*: 5 %
Accensione: volano-magnete / *Ignition: flywheel magneto*
Avviamento: leva a mano / *Starting: hand lever*
Frizione: multidisco in bagno olio / *Clutch: oil bath multiple plate*
Cambio: 4 marce - *Gearbox*: *4 speeds*

Ciclistica - ***Frame, wheels, suspension, brakes***

Telaio / Frame: acciaio / *pressed steel*
Sospensione ant.: ruota tirata / *Front suspension: trailing link*
Sospensione post.: barre torsione / *Rear suspension: torsion bars*
Trasmissione finale: catene / *Final drive: chain*
Ruote: lamiera, intercambiabili / *Wheels: pressed steel, interchangeable*
Freno ant.: tamburo 125 mm / *Front brake: 125 mm drum*
Freno post.: tamburo 127mm / *Rear brake: 127 mm drum*
Pneumatici / *Tyres*: 4.00 x 8"

Dimensioni/Peso - ***Dimensions/Weight***

Lunghezza / *Length*: 2600 mm
Larghezza / *Width*: 1275 mm
Altezza / *Seat height*: 700 mm
Interasse / *Wheelbase*: 1135 mm
Serbatoio / *Fuel tank*: 5 litri/*litres*
Peso / *Weight*: 220 kg

Prestazioni dichiarate - ***Declared performance***

Velocità / *Maximum speed*: 50 km/h
Consumo / *Fuel consumption*: 25 km/l

Come riconoscerlo / ***Identifying the model***

Piccolo auto-articolato a 5 ruote / *Small five-wheeled articulated vehicle*
Il rimorchio è aperto o chiuso / *Trailer open or closed*
Il fanale è posto sul parafango anteriore / *Headlight located on the front mudguard*

I colori: grigio/ *Colours offered: grey*
Esemplari prodotti / *Examples produced*: 3050
Portata cassone / *Loading capacity*: 700 kg

PENTARÒ 150 (1960-1964)

Pentarò 175 (1964-1968)

Serie/***Series***

C1:	1964-1967
C2:	1967-1968

Motore - ***Engine***

Cilindri/Temp: mono/2T - *Cylinders/Cycle: single/two-stroke*
Cilindrata / *Displacement*: 169.6 cc
Alesaggio x corsa / *Bore and stroke*: 60.0 x 60.0 mm
Rapp. di compressione / *Compression ratio*: 6.5:1
Potenza/giri: 6 CV/5000 - *Power/rpm*: 6 hp/5000 rpm
Coppia - giri / *Torque - rpm*: n.d.
Raffreddamento: aria forzata / *Cooling: forced air*
Distribuzione: pistone con deflettore / *Valvegear: deflector piston*
Alimentazione: carburatore 20 mm / *Fuel system: 20 mm carburettor*
Miscela / *Fuel mixture*: 2 %
Accensione: volano-magnete / *Ignition: flywheel magneto*
Avviamento: leva a mano / *Starting: hand lever*
Frizione: multidisco in bagno olio / *Clutch: oil bath multiple plate*
Cambio: 4 marce - *Gearbox*: *4 speeds*

Ciclistica - ***Frame, wheels, suspension, brakes***

Telaio: acciaio / *Frame: pressed steel*
Sospensione ant.: ruota tirata / *Front suspension: trailing link*
Sospensione post.: barre torsione / *Rear suspension: torsion bars*
Trasmissione finale: catene / *Final drive: chain*
Ruote: lamiera, intercambiabili / *Wheels: pressed steel, interchangeable*
Freno ant.: tamburo 125 mm / *Front brake: 125 mm drum*
Freno post.: tamburo 127 mm / *Rear brake:127 mm drum*
Pneumatici / *Tyres*: 3.50 x 8"

Dimensioni/Peso - ***Dimensions/Weight***

Lunghezza / *Length*: 2600 mm
Larghezza / *Width*: 1275 mm
Altezza / *Seat height*: 700 mm
Interasse / *Wheelbase*: 1135 mm
Serbatoio / *Fuel tank*: 5 litri/*litres*
Peso / *Weight*: 230 kg

Prestazioni dichiarate - ***Declared performance***

Velocità / *Maximum speed*: 55 km/h
Consumo / *Fuel consumption*: 25 km/l

Come riconoscerlo / ***Identifying the model***

Piccolo auto-articolato a 5 ruote / *Small five-wheeled articulated vehicle*
Il rimorchio è aperto o chiuso / *Trailer open or closed*
C2, il fanale è posizionato al centro del frontale / *C2, headlight positioned at the centre of the front panel*

I colori: grigio, azzurro / *Colours offered: grey, light blue*
Esemplari prodotti / *Examples produced*: 810
Portata cassone / *Loading capacity*: 700 kg

nuovo
APE 450
L'Ape 450 viene equipaggiato in serie con riscaldamento nell'interno della cabina e tergicristallo elettrico.
PORTATA : 450 Kg.
VELOCITÀ : 65 Km/h
PENDENZA: superabile a pieno carico 22%
CONSUMO : 3,5 litri di miscela al 2% per 100 Km.
IL NUOVO MOTORE
a distribuzione rotante funziona con miscela al 2% e consente una notevole economia d'esercizio
completano la gamma:
APE 400 PENTARÓ 700

D 175 (1964-1974)

Serie/*Series*

450-D1: 1964-1966

500-D1: 1966-1968

500-D2: 1967-1974

Come riconoscerlo / *Identifying the model*

D2, il fanale è posizionato al centro del frontale / *D2 headlight positioned at the centre of the front panel*
La sospensione anteriore è a destra / *Front suspension is on the right*
Il motore impiega miscela al 2% / *2% fuel/oil mix*

Esemplari prodotti / *Examples produced*: 90.850
Portata cassone / *Loading capacity*: 500 kg

MOTORE - *ENGINE*

Cilindri/Tempi: mono/2T - *Cylinders/Cycle: single/two-stroke*
Cilindrata / *Displacement*: 169.6 cc
Alesaggio x corsa / *Bore and stroke*: 60.0 x 60.0 mm
Rapp. di compressione / *Compression ratio*: 6.5:1
Potenza/giri: 7 CV/5000 - *Power/rpm: 7 hp/5000 rpm*
Coppia - giri / *Torque - rpm*: n.d.
Raffreddamento: aria forzata / *Cooling: forced air*
Distribuzione: pistone con deflettore / *Valvegear: deflector piston*
Alimentazione: carburatore 20 mm / *Fuel system: 20 mm carburettor*
Miscela / *Fuel mixture*: 2 %
Accensione: volano-magnete / *Ignition: flywheel magneto*
Avviamento: leva a mano / *Starting: hand lever*
Frizione: multidisco in bagno olio / *Clutch: oil bath multiple plate*
Cambio: 4 marce - *Gearbox: 4 speeds*

CICLISTICA - *FRAME, WHEELS, SUSPENSION, BRAKES*

Telaio: acciaio / *Frame: pressed steel*
Sospensione ant.: ruota tirata / *Front suspension: trailing link*
Sospensione post.: barre torsione / *Rear suspension: torsion bars*
Trasmissione finale: catene / *Final drive: chain*
Ruote: lamiera, intercambiabili / *Wheels: pressed steel, interchangeable*
Freno ant.: tamburo *Front brake: 125 mm drum*
Freno post.: tamburo *Rear brake: 127 mm drum*
Pneumatici / *Tyres*: 3.50 x 8"

DIMENSIONI/PESO - *DIMENSIONS/WEIGHT*

Lunghezza / *Length*: 2430 mm
Larghezza / *Width*: 1280 mm
Altezza / *Seat height*: 700 mm
Interasse / *Wheelbase*: 1600 mm
Serbatoio / *Fuel tank*: 5 litri/*litres*
Peso / *Weight*: 165 kg

PRESTAZIONI DICHIARATE - *DECLARED PERFORMANCE*

Velocità / *Maximum speed*: 55 km/h
Consumo / *Fuel consumption*: 30 km/l

nuovo APE 175 c.c.
A fianco del nuovo Ape 175 continua la produzione degli altri veicoli industriali Pentarò e Ape 150, il motofurgone più venduto in Italia
PORTATA : 450 Kg.
VELOCITÀ : 65 Km h
PENDENZA: superabile a pieno carico 22° ₀
CONSUMO : 3,5 litri di miscela al 2° ₀ per 100 Km.
IL NUOVO MOTORE a distribuzione rotante funziona con miscela al 2 e consente una notevole economia d'esercizio
maggiore portata
maggiore superficie di carico - maggiore ripresa - maggiore velocità - maggiore potenza
L'Ape 175 viene equipaggiato in serie con riscaldamento regolabile nell'interno della cabina e tergicristallo elettrico.
PIAGGIO
L. 318.000 ff.
L. 350.000 ff.
L. 360.000 ff.
L. 378.000 ff.
L. 408.000 ff.
L. 448.000 ff.
Anche l'Ape 175 viene prodotto in 6 diverse versioni e, a richiesta, fornito con avviamento elettrico e contachilometri.
VENDITE RATEALI A 6 - 12 18 24 30 MESI

E 125 (1965-1971)

Serie/*Series*

350-E01: 1965-1967

350-E02: 1967-1971

MOTORE - *ENGINE*

Cilindri/Tempi: mono/2T - *Cylinders/Cycle: single/two-stroke*
Cilindrata / *Displacement*: 124.8 cc
Alesaggio x corsa / *Bore and stroke*: 56.5 x 49.8 mm
Rapp. di compressione / *Compression ratio*: 6.5:1
Potenza/giri: 4 CV/4500 - *Power/rpm: 4 hp/4500 rpm*
Coppia - giri / *Torque - rpm*: n.d.
Raffreddamento: aria forzata / *Cooling: forced air*
Distribuzione: pistone con deflettore / *Valvegear: deflector piston*
Alimentazione: carburatore 17 mm / *Fuel system: 17 mm carburettor*
Miscela / *Fuel mixture*: 2 %
Accensione: volano-magnete / *Ignition: flywheel magneto*
Avviamento: leva a mano / *Starting: hand lever*
Frizione: multidisco in bagno olio / *Clutch: oil bath multiple plate*
Cambio: 4 marce - *Gearbox: 4 speeds*

CICLISTICA - *FRAME, WHEELS, SUSPENSION, BRAKES*

Telaio: acciaio / *Frame: pressed steel*
Sospensione ant.: ruota tirata / *Front suspension: trailing link*
Sospensione post.: barre torsione / *Rear suspension: torsion bars*
Trasmissione finale: catene / *Final drive: chain*
Ruote: lamiera, intercambiabili / *Wheels: pressed steel, interchangeable*
Freno ant. / tamburo / *Front brake: 125 mm drum*
Freno post. / Rear brake: tamburo 127 mm drum
Pneumatici / *Tyres*: 3.50 x 8"

DIMENSIONI/PESO - *DIMENSIONS/WEIGHT*

Lunghezza / *Length*: 2430 mm
Larghezza / *Width*: 1280 mm
Altezza / *Seat height*: 700 mm
Interasse / *Wheelbase*: 1600 mm
Serbatoio / *Fuel tank*: 5 litri/litres
Peso / *Weight*: 165 kg

PRESTAZIONI DICHIARATE - *DECLARED PERFORMANCE*

Velocità / *Maximum speed*: 45 km/h
Consumo / *Fuel consumption*: 30km/l

Come riconoscerlo / *Identifying the model*

Il fanale è posizionato al centro del frontale / *Headlight positioned at the centre of the front panel*
La sospensione anteriore è a destra / *Front suspension is on the right*
Il motore impiega miscela al 2% / *2% fuel/oil mix*

I colori: grigio-verde / *Colours offered*: *grey-green*
Esemplari prodotti / *Examples produced*: 4620
Portata cassone / *Loading capacity*: 350 kg

.....IL VEICOLO CHE VI AIUTA A GUADAGNARE...
Ape

E

150 (1965-1973)

Serie/*Series*

400-E1:	1965-1968
400-E2:	1968-1973

MOTORE - *ENGINE*

Cilindri/Tempi: mono/2T - *Cylinders/Cycle: single/two-stroke*
Cilindrata / *Displacement*: 146.5 cc
Alesaggio x corsa / *Bore and stroke*: 57 x 57 mm
Rapp. di compressione / *Compression ratio*: 6.5:1
Potenza/giri: 5 CV/4800 - *Power/rpm: 5 hp/4800 rpm*
Coppia - giri / *Torque - rpm*: n.d.
Raffreddamento: aria forzata / *Cooling: forced air*
Distribuzione: pistone con deflettore / *Valvegear: deflector piston*
Alimentazione: carburatore 18 mm / *Fuel system: 18 mm carburettor*
Miscela / *Fuel mixture*: 5 %
Accensione: volano-magnete / *Ignition: flywheel magneto*
Avviamento: leva a mano Starting: / *hand lever*
Frizione: multidisco in bagno olio / *Clutch: oil bath multiple plate*
Cambio: 4 marce - *Gearbox: 4 speeds*

CICLISTICA - *FRAME, WHEELS, SUSPENSION, BRAKES*

Telaio: acciaio / *Frame: pressed steel*
Sospensione ant.: ruota tirata / *Front suspension: trailing link*
Sospensione post.: barre torsione / *Rear suspension: torsion bars*
Trasmissione finale: catene / *Final drive: chain*
Ruote: lamiera, intercambiabili / *Wheels: pressed steel, interchangeable*
Freno ant.: tamburo 125 mm / *Front brake: 125 mm drum*
Freno post.: tamburo 127 mm / *Rear brake: 127 mm drum*
Pneumatici / *Tyres*: 3.50 x 8"

DIMENSIONI/PESO - *DIMENSIONS/WEIGHT*

Lunghezza / *Length*: 2430 mm
Larghezza / *Width*: 1280 mm
Altezza / *Seat height*: 700 mm
Interasse / *Wheelbase*: 1600 mm
Serbatoio / *Fuel tank*: 5 litri/*litres*
Peso / *Weight*: 165 kg

PRESTAZIONI DICHIARATE - *DECLARED PERFORMANCE*

Velocità / *Maximum speed*: 45 km/h
Consumo / *Fuel consumption*: 30 km/l

Come riconoscerlo / ***Identifying the model***

Il fanale è posizionato al centro del frontale / *Headlight positioned at the centre of the front panel*
La sospensione anteriore è a destra / *Front suspension on the right*
Il motore impiega miscela al 2% / *2% fuel/oil mix*

I colori grigio-verde, azzurro / *Colours offered*: *grey-green, light blue*
Esemplari prodotti / *Examples produced*: 29.430
Portata cassone / *Loading capacity*: 400 kg

APE
400

OGGI GLI APE SONO
3
APE IL VEICOLO CHE VI
AIUTA A GUADAGNARE

E 175 (1970-1981)

Serie/*Series*

400R-E3:1970-1993

MOTORE - ***ENGINE***

Cilindri/Tempi: mono/2T - *Cylinders/Cycle: single/two-stroke*
Cilindrata / *Displacement*: 169.6 cc
Alesaggio x corsa / *Bore and stroke*: 60.0 x 60.0 mm
Rapp. di compressione / *Compression ratio*: 6.5:1
Potenza/giri: 6 CV/5000 - *Power/rpm: 6 hp/5000 rpm*
Coppia - giri / *Torque - rpm*: n.d.
Raffreddamento: aria forzata / *Cooling: forced air*
Distribuzione / Valvegear: pistone con deflettore / *deflector piston*
Alimentazione: carburatore 20 mm / *Fuel system: 20 mm carburettor*
Miscela / *Fuel mixture*: 2 %
Accensione: volano-magnete / *Ignition: flywheel magneto*
Avviamento: leva a mano / *Starting: hand lever*
Frizione: multidisco in bagno olio / *Clutch: oil bath multiple plate*
Cambio: 4 marce - *Gearbox: 4 speeds*

CICLISTICA - ***FRAME, WHEELS, SUSPENSION, BRAKES***

Telaio: acciaio / *Frame: pressed steel*
Sospensione ant.: ruota tirata / *Front suspension: trailing link*
Sospensione post.: barre torsione / *Rear suspension: torsion bars*
Trasmissione finale: catene / *Final drive: chain*
Ruote: lamiera, intercambiabili / *Wheels: pressed steel, interchangeable*
Freno ant.: tamburo 125 mm / *Front brake: 125 mm drum*
Freno post.: tamburo 127 mm / *Rear brake: 127 mm drum*
Pneumatici / *Tyres*: 3.50 x 8"

DIMENSIONI/PESO - ***DIMENSIONS/WEIGHT***

Lunghezza / *Length*: 2430 mm
Larghezza / *Width*: 1280 mm
Altezza / *Seat height*: 700 mm
Interasse / *Wheelbase*: 1600 mm
Serbatoio / *Fuel tank*: 5 litri/*litres*
Peso / *Weight*: 165 kg

PRESTAZIONI DICHIARATE - ***DECLARED PERFORMANCE***

Velocità / *Maximum speed*: 55 km/h
Consumo / *Fuel consumption*: 28 km/l

Come riconoscerlo / ***Identifying the model***

Nuovo parafango anteriore / *New front mudguard*
Nuova mascherina anteriore / *New front panel*
Finestrini spigolosi / *Angular windows*

I colori: grigio-verde, giallo / *Colours offered: grey-green, yellow*
Esemplari prodotti / *Examples produced*: 37.000
Portata cassone / *Loading capacity*: 400 kg

APE 400 R aiuta a guadagnare
4 versioni
telaio
pianale
pianale lungo
furgone
... chiede poco per dare molto
Grazie alle sue doti di estrema maneggevolezza ed economia, l'APE 400 R è il veicolo ideale per tutti coloro che, non avendo necessità di una portata superiore ai 4 quintali, hanno quotidianamente bisogno di un veicolo agile e robusto, idoneo cioè ad effettuare in modo rapido ed economico le operazioni di distribuzione della merce. Le sospensioni sono particolarmente curate per permettere il miglior confort di guida e una buona protezione del carico: quella anteriore è del tipo a molla elicoidale con ammortizzatore idraulico; le sospensioni posteriori sono a barra di torsione e ammortizzatore a frizione e consentono l'uso di questo veicolo su strade particolarmente accidentate. L'APE 400 R è fornito di serie con riscaldamento, tergicristallo, specchietti retrovisori esterni e ruota di scorta.

M 125 (1970-1974)

Serie / *Series*

250:	1970-1974

MOTORE - *ENGINE*
Cilindri/Tempi: mono/2T - *Cylinders/Cycle: single/two-stroke*
Cilindrata / *Displacement*: 121.1 cc
Alesaggio x corsa / *Bore and stroke*: 55 x 51 mm
Rapp. di compressione / *Compression ratio*: 7.5:1
Potenza/giri: 5.6 CV/5000 - *Power/rpm: 5.6 hp/5000 rpm*
Coppia - giri / *Torque - rpm*: n.d.
Raffreddamento: aria forzata / *Cooling: forced air*
Distribuzione: rotante / *Valvegear: rotary*
Alimentazione: carburatore 19 mm / *Fuel system: 19 mm carburettor*
Miscela / *Fuel mixture*: 2%
Accensione: volano-magnete / *Ignition: flywheel magneto*
Avviamento: leva a mano / *Starting: hand lever*
Frizione: multidisco in bagno olio / *Clutch: oil bath multiple plate*
Cambio: 4 marce - *Gearbox*: *4 speeds*

CICLISTICA - *FRAME, WHEELS, SUSPENSION, BRAKES*
Telaio: acciaio / *Frame: pressed steel*
Sospensione ant.: ruota tirata / *Front suspension: trailing link*
Sospensione post.: barre torsione / *Rear suspension: torsion bars*
Trasmissione finale: diretta / *Final drive: direct*
Ruote: lamiera, intercambiabili / *Wheels: pressed steel, interchangeable*
Freno ant.: tamburo 125 mm / *Front brake: 125 mm drum*
Freno post.: tamburo 125 mm / *Rear brake: 125 mm drum*
Pneumatici / *Tyres*: 3.00 x 10"

DIMENSIONI/PESO - *DIMENSIONS/WEIGHT*
Lunghezza / *Length*: 2530 mm
Larghezza / *Width*: 1260 mm
Altezza / *Seat height*: 76 mm
Interasse / *Wheelbase*: 1590 mm
Serbatoio / *Fuel tank*: 10 litri/*litres*
Peso / *Weight*: 165 kg

PRESTAZIONI DICHIARATE - *DECLARED PERFORMANCE*
Velocità / *Maximum speed*: 55 km/h
Consumo / *Fuel consumption*: 22 km/l

Come riconoscerlo / *Identifying the model*

La scocca è in comune con la serie 50 / *Bodyshell shared with the 50 series*
Il parabrezza è curvo / *Curved windscreen*
Il fanale ha una mascherina / *Headlight with a surround*

I colori: arancio, verde / *Colours offered: orange, green*
Esemplari prodotti / *Examples produced*: 1770
Portata cassone / *Loading capacity*: 250 kg

APE 250

un nuovo "3 ruote„ per il trasporto supereconomico

Portata utile del pianale Kg. 250 - Velocità 54 Km/h - Consumo l. 3,70 di miscela Essomix al 2% per 100 Km. - Cilindrata: 121,16 cc. - Cambio: a 4 velocità più retromarcia - Freni: anteriore meccanico con comando a leva sul manubrio; posteriori idraulici con comando a pedale - Autonomia 360 Km. - Ruote intercambiabili a sospensioni indipendenti con pneumatici da 3.00 x 10" - Sospensioni: anteriore con molle elicoidali e ammortizzatori idraulici; posteriori con molla elicoidale ed ammortizzatore idraulico su ciascuna ruota - pendenza massima superabile a pieno carico: 16% - Dimensioni utili del pianale mm. 1190 x 1140 - Dimensioni utili del furgone: mm. 1190 x 1140 x 930.

APE CAR 220 (1972-1993)

Serie/*Series*

F1-P1:	1972-1978
F1-P2:	1978-1990
F2:	Olanda/*Holland*
F3:	1982-1993
F4-P3:	1984-1993

MOTORE - ***ENGINE***

Cilindri/Tempi: mono/2T - *Cylinders/Cycle: single/two-stroke*
Cilindrata / *Displacement*: 217.9 cc
Alesaggio x corsa / *Bore and stroke*: 68 x 60 mm
Rapp. di compressione / *Compression ratio*: 6.8:1
Potenza/giri: 10.5 CV/5000 - *Power/rpm: 10.5 hp/5000 rpm*
Coppia - giri: n.d. / *Torque – rpm: n.d.*
Raffreddamento: aria forzata / *Cooling: forced air*
Distribuzione: rotante / *Valvegear: rotary*
Alimentazione / Fuel system: *carburatore 22 mm carburettor*
Miscela / *Fuel mixture*: 2%
Accensione: volano-magnete / *Ignition: flywheel magneto*
Avviamento: leva a mano / *Starting: hand lever*
Frizione: multidisco in bagno olio / *Clutch: oil bath multiple plate*
Cambio: 4 marce - *Gearbox*: *4 speeds*

CICLISTICA - ***FRAME, WHEELS, SUSPENSION, BRAKES***

Telaio acciaio / *Frame: pressed steel*
Sospensione ant.: ruota tirata / *Front suspension: trailing link*
Sospensione post.: barre torsione / *Rear suspension: torsion bars*
Trasmissione finale: diretta / *Final drive: direct*
Ruote: lamiera, intercambiabili / *Wheels: pressed steel, interchangeable*
Freno ant.: tamburo 125 mm / *Front brake 125 mm drum*
Freno post.: tamburo 125 mm / *Rear brake: 125 mm drum*
Pneumatici / *Tyres*: 4.50 x 10"

DIMENSIONI/PESO - ***DIMENSIONS/WEIGHT***

Lunghezza / *Length*: 3275 mm
Larghezza / *Width*: 1470 mm
Altezza / *Seat height*: 710 mm
Interasse / *Wheelbase*: 1970 mm
Serbatoio / *Fuel tank*: 16 litri/*litres*
Peso / *Weight*: 255 kg

PRESTAZIONI DICHIARATE - ***DECLARED PERFORMANCE***

Velocità / *Maximum speed*: 65 km/h
Consumo / *Fuel consumption*: 22 km/l

Come riconoscerlo / ***Identifying the model***

La cabina incorpora la ruota anteriore / *Cab incorporates the front wheel*
Il telaio è a scocca portante / *Chassis is a monocoque structure*
Volante e pedaliera sono automobilistici / *Car-type steering wheel and pedals*

I colori: giallo, arancio, azzurro / *Colours offered: yellow, orange, light blue*
Esemplari prodotti / *Examples produced*: 108.190
Portata cassone / *Loading capacity*: 550 kg

APE CAR - un modo nuovo per trasportare con poca spesa e senza fatica un carico di 600 Kg.

Le portiere sono incernierate anteriormente con apertura contro-vento. Il paraurti è del tipo avvolgente. I 2 fanali anteriori incorporano l'indicatore di direzione.

pianale

Versione costituita da un telaio a scocca portante e da un pianale interamente metallico. Sul piano di carico è ricavato un portello attraverso il quale si può accedere agevolmente al motore alloggiato sull'asse delle ruote posteriori.

furgone

La versione furgone è costituita da un ampio cassone interamente metallico saldato al telaio; l'accesso al cassone è reso agevole da un portello laterale e da una apertura posteriore costituita da un portello sollevabile e da una sponda ribaltabile.

L'APE CAR adotta la soluzione del motore posteriore situato sull'asse delle ruote motrici già ampiamente collaudata sugli Ape della serie « MP ».

MP 190 (1968-1978)

Serie/*Series*

500-R:	1968-1978
550-A:	1968-1972
600-V:	1969-1978
600-M:	1970-1978

MOTORE - ***ENGINE***

Cilindri/Tempi: mono/2T - *Cylinders/Cycle: single/two-stroke*
Cilindrata / *Displacement*: 187.0 cc
Alesaggio x corsa / *Bore and stroke*: 63 x 60 mm
Rapp. di compressione / *Compression ratio*: 6.5:1
Potenza/giri: 9.4 CV/5000 - *Power/rpm: 9.4 hp/5000 rpm*
Coppia - giri: n.d. / *Torque – rpm: n.d.*
Raffreddamento: aria forzata / *Cooling: forced air*
Distribuzione: pistone con deflettore / *Timing system: deflector piston*
Alimentazione: 22 mm carburatore / *Fuel system: 22 mm carburettor*
Miscela / *Fuel mixture*: 2%
Accensione: volano-magnete / *Ignition: flywheel magneto*
Avviamento: leva a mano / *Starting: hand lever*
Frizione: multidisco in bagno olio / *Clutch: oil bath multiple plate*
Cambio: 4 marce - *Gearbox: 4 speeds*

CICLISTICA - ***FRAME, WHEELS, SUSPENSION, BRAKES***

Telaio acciaio / *Frame: pressed steel*
Sospensione ant.: ruota tirata / *Front suspension: trailing link*
Sospensione post.: barre torsione / *Rear suspension: torsion bars*
Trasmissione finale: diretta / *Final drive: direct*
Ruote: lamiera, intercambiabili / *Wheels: pressed steel, interchangeable*
Freno ant.: tamburo 125 / *Front brake: 125 mm drum*
Freno post.: tamburo 125 mm / *Rear brake: 125 mm drum*
Pneumatici / *Tyres*: 4.50 x 10"

DIMENSIONI/PESO - ***DIMENSIONS/WEIGHT***

Lunghezza / *Length*: 3150 mm
Larghezza / *Width*: 1490 mm
Altezza / *Seat height*: 700 mm
Interasse / *Wheelbase*: 1960 mm
Serbatoio / *Fuel tank*: 15 litri/*litres*
Peso / *Weight*: 220 kg

PRESTAZIONI DICHIARATE - ***DECLARED PERFORMANCE***

Velocità / *Maximum speed*: 65 km/h
Consumo / *Fuel consumption*: 22 km/l

Come riconoscerlo / ***Identifying the model***

Il motore è posteriore (MP) / *Rear engine (MP)*
Serie 500/550: il fanale è singolo / *Series 500/550: single headlight*
Serie 600: il fanale è sdoppiato / *Series 600: dual headlights*

I colori: verde chiaro / *Colours offered*: *light-green*
Esemplari prodotti / *Examples produced*: 230.050
Portata cassone / *Loading capacity*: 600 kg

APE
500 MP
550 MP

P

175 (1978-1981)

Serie/*Series*

401: 1978-1981

MOTORE - *ENGINE*

Cilindri/Tempi: mono/2T - *Cylinders/Cycle: single/two-stroke*
Cilindrata / *Displacement*: 169.6 cc
Alesaggio x corsa / *Bore and stroke*: 60 x 60 mm
Rapp. di compressione / *Compression ratio*: 7.2:1
Potenza/giri: 8.5 CV/5000 - *Power/rpm: 8.5 hp/5000 rpm*
Coppia - giri: n.d. / *Torque – rpm: n.d.*
Raffreddamento: aria forzata / *Cooling: forced air*
Distribuzione: rotante / *Valvegear: rotary*
Alimentazione: 20 mm carburatore / *Fuel system: 20 mm carburettor*
Miscela / *Fuel mixture*: 2%
Accensione: volano-magnete / *Ignition: flywheel magneto*
Avviamento: leva a mano / *Starting: hand lever*
Frizione: multidisco in bagno olio / *Clutch: oil bath multiple plate*
Cambio: 4 marce - *Gearbox: 4 speeds*

CICLISTICA - *FRAME, WHEELS, SUSPENSION, BRAKES*

Telaio acciaio / *Frame: pressed steel*
Sospensione ant.: ruota tirata / *Front suspension: trailing link*
Sospensione post.: barre torsione / *Rear suspension: torsion bars*
Trasmissione finale: diretta / *Final drive: direct*
Ruote: lamiera, intercambiabili / *Wheels: pressed steel, interchangeable*
Freno ant.: tamburo 125 / *Front brake: 125 mm drum*
Freno post.: tamburo 125 mm / *Rear brake: 125 mm drum*
Pneumatici / *Tyres*: 4.00x10".

DIMENSIONI/PESO - *DIMENSIONS/WEIGHT*

Lunghezza / *Length*: 2865 mm
Larghezza / *Width*: 1250 mm
Altezza / *Seat height*: 710 mm
Interasse / *Wheelbase*: 1950 mm
Serbatoio / *Fuel tank*: 11 litri/*litres*
Peso / *Weight*: 200 kg

PRESTAZIONI DICHIARATE - *DECLARED PERFORMANCE*

Velocità / *Maximum speed*: 60 km/h
Consumo / *Fuel consumption*: 22 km/l

Come riconoscerlo / *Identifying the model*

La mascherina è orizzontale / *Horizontal grille*
Il parafango è squadrato / *Mudguard is square-cut*
Il frontale ha le frecce laterali / *The front panel has lateral indicators*

Colori: giallo, verde / *Colours offered*: *yellow, green*
Esemplari prodotti / *Examples produced*: 19.350
Portata cassone / *Loading capacity*: 400 kg

ape
P 401

P

190

(1978-1987)

Serie / *Series*

501:	1978-1993
601-M:	1978-1987
601-V:	1978-1987

MOTORE - ***ENGINE***

Cilindri/Tempi: mono/2T - *Cylinders/Cycle: single/two-stroke*
Cilindrata / *Displacement*: 187.0 cc
Alesaggio x corsa / *Bore and stroke*: 63 x 60 mm
Rapp. di compressione / *Compression ratio*: 6.8:1
Potenza/giri: 9.5 CV/5000 - *Power/rpm: 9.5 hp/5000 rpm*
Coppia - giri: n.d. / *Torque – rpm: n.d.*
Raffreddamento: aria forzata / *Cooling: forced air*
Distribuzione: rotante / *Valvegear: rotary*
Alimentazione: 22 mm carburatore / *Fuel system: 22 mm carburettor*
Miscela / *Fuel mixture*: 2%
Accensione: volano-magnete / *Ignition: flywheel magneto*
Avviamento: leva a mano / *Starting: hand lever*
Frizione: multidisco in bagno olio / *Clutch: oil bath multiple plate*
Cambio: 4 marce - *Gearbox*: *4 speeds*

CICLISTICA - ***FRAME, WHEELS, SUSPENSION, BRAKES***

Telaio acciaio / *Frame: pressed steel*
Sospensione ant.: ruota tirata / *Front suspension: trailing link*
Sospensione post.: barre torsione / *Rear suspension: torsion bars*
Trasmissione finale: diretta / *Final drive: direct*
Ruote: lamiera, intercambiabili / *Wheels: pressed steel, interchangeable*
Freno ant.: tamburo 125 / *Front brake: 125 mm drum*
Freno post.: tamburo 125 mm / *Rear brake: 125 mm drum*
Pneumatici / *Tyres*: 4.50 x 10"

DIMENSIONI/PESO - ***DIMENSIONS/WEIGHT***

Lunghezza / *Length*: 3275 mm
Larghezza / *Width*: 1470 mm
Altezza / *Seat height*: 710 mm
Interasse / *Wheelbase*: 1960 mm
Serbatoio / *Fuel tank*: 16 litri/*litres*
Peso / *Weight*: 255 kg

PRESTAZIONI DICHIARATE - ***DECLARED PERFORMANCE***

Velocità / *Maximum speed*: 65 km/h
Consumo / *Fuel consumption*: 22 km/l

Come riconoscerlo / ***Identifying the model***

Il parafango è squadrato / *Mudguard is square-cut*
La mascherina è orizzontale / *Horizontal grille*
Serie 601: il fanale è sdoppiato / *Seriess 601: dual headlights*

Colori: giallo / *Colours offered: yellow*
Esemplari prodotti / *Examples produced*: 56.200
Portata cassone / *Loading capacity*: 500-600 kg

P 190 (1978-1987)

P

220 (1978-1988)

Serie/*Series*

601-M: 1978-1985

601-V: 1978-1988

MOTORE - *ENGINE*

Cilindri/Tempi: mono/2T - *Cylinders/Cycle: single/two-stroke*
Cilindrata / *Displacement*: 217.9 cc
Alesaggio x corsa / *Bore and stroke*: 68 x 60 mm
Rapp. di compressione / *Compression ratio*: 6.8:1
Potenza/giri: 10.5 CV/5000 - *Power/rpm: 10.5 hp/5000 rpm*
Coppia - giri: n.d. / *Torque – rpm: n.d.*
Raffreddamento: aria forzata / *Cooling: forced air*
Distribuzione: rotante / *Valvegear: rotary*
Alimentazione: 22 mm carburatore / *Fuel system: 22 mm carburettor*
Miscela / *Fuel mixture*: 2%
Accensione: volano-magnete / *Ignition: flywheel magneto*
Avviamento: leva a mano / *Starting: hand lever*
Frizione: multidisco in bagno olio / *Clutch: oil bath multiple plate*
Cambio: 4 marce - *Gearbox: 4 speeds*

CICLISTICA - *FRAME, WHEELS, SUSPENSION, BRAKES*

Telaio acciaio / *Frame: pressed steel*
Sospensione ant.: ruota tirata / *Front suspension: trailing link*
Sospensione post.: barre torsione / *Rear suspension: torsion bars*
Trasmissione finale: diretta / *Final drive: direct*
Ruote: lamiera, intercambiabili / *Wheels: pressed steel, interchangeable*
Freno ant.: tamburo 125 / *Front brake: 125 mm drum*
Freno post.: tamburo 125 mm / *Rear brake: 125 mm drum*
Pneumatici / *Tyres*: 4.50 x 10"

DIMENSIONI/PESO - *DIMENSIONS/WEIGHT*

Lunghezza / *Length*: 3275 mm
Larghezza / *Width*: 1470 mm
Altezza / *Seat height*: 710 mm
Interasse / *Wheelbase*: 1960 mm
Serbatoio / *Fuel tank*: 16 litri/*litres*
Peso / *Weight*: 255 kg

PRESTAZIONI DICHIARATE - *DECLARED PERFORMANCE*

Velocità / *Maximum speed*: 65 km/h
Consumo / *Fuel consumption*: 22 km/l

Come riconoscerlo / ***Identifying the model***

Il frontale presenta il fanale sdoppiato / *Front panel with dual headlights*
Le frecce sono incorporate nel fanali / *Indicator-headlight clusters*
Il motore ha l'accensione elettronica / *Electronic ignition*

I colori: gallo, verde / *Colours offered: yellow, green*
Esemplari prodotti / *Examples produced*: 69.360
Portata cassone / *Loading capacity*: 600 kg

P 601

ape

TM 220 (1982-1997)

Serie/*Series*

602: 1982-1983

703-M: 1984-1997

703-V: 1984-1997

MOTORE - ***ENGINE***

Cilindri/Tempi: mono/2T - *Cylinders/Cycle: single/two-stroke*
Cilindrata / *Displacement*: 217.9 cc
Alesaggio x corsa / *Bore and stroke*: 68 x 60 mm
Rapp. di compressione / *Compression ratio*: 6.8:1
Potenza/giri: 10.5 CV/5000 - *Power/rpm: 10.5 hp/5000 rpm*
Coppia - giri: n.d. / *Torque – rpm: n.d.*
Raffreddamento: aria forzata / *Cooling: forced air*
Distribuzione: rotante / *Valvegear: rotary*
Alimentazione: 22 mm carburatore / *Fuel system: 22 mm carburettor*
Miscela / *Fuel mixture*: 2%
Accensione: elettronica / *Ignition: electronic*
Avviamento: leva a mano / *Starting: hand lever*
Frizione: multidisco in bagno olio / *Clutch: oil bath multiple plate*
Cambio: 4 marce - *Gearbox: 4 speeds*

CICLISTICA - ***FRAME, WHEELS, SUSPENSION, BRAKES***

Telaio acciaio / *Frame: pressed steel*
Sospensione ant.: ruota tirata / *Front suspension: trailing link*
Sospensione post.: barre torsione / *Rear suspension: torsion bars*
Trasmissione finale: diretta / *Final drive: direct*
Ruote: lamiera, intercambiabili / *Wheels: pressed steel, interchangeable*
Freno ant.: tamburo 125 / *Front brake: 125 mm drum*
Freno post.: tamburo 125 mm / *Rear brake: 125 mm drum*
Pneumatici / *Tyres*: 4.50 x 10"

DIMENSIONI/PESO - ***DIMENSIONS/WEIGHT***

Lunghezza / *Length*: 3275 mm
Larghezza / *Width*: 1470 mm
Altezza / *Seat height*: 710 mm
Interasse / *Wheelbase*: 1960 mm
Serbatoio / *Fuel tank*: 16 litri/*litres*
Peso / *Weight*: 255 kg

PRESTAZIONI DICHIARATE - ***DECLARED PERFORMANCE***

Velocità / *Maximum speed*: 65 km/h
Consumo / *Fuel consumption*: 22 km/l

Come riconoscerlo / ***Identifying the model***

La cabina è squadrata / *Square-cut cab*
Il parabrezza è piano / *Flat windscreen*
La mascherina congiunge i fanali / *Grille linking the headlights*

I colori: giallo, arancio, azzurro / *Colours offered: yellow, orange, light blue*
Esemplari prodotti / *Examples produced*: 137.920
Portata cassone / *Loading capacity*: 600 kg

FL 220 (1997-2004)

Serie/*Series*

FL1: 1997-1999

FL2: 1999-2004

MOTORE - ***ENGINE***

Cilindri/Tempi: mono/2T - *Cylinders/Cycle: single/two-stroke*
Cilindrata / *Displacement*: 217.9 cc
Alesaggio x corsa / *Bore and stroke*: 68 x 60 mm
Rapp. di compressione / *Compression ratio*: 6.8:1
Potenza/giri: 10.5 CV/5000 - *Power/rpm: 10.5 hp/5000 rpm*
Coppia - giri: n.d. / *Torque – rpm: n.d.*
Raffreddamento: aria forzata / *Cooling: forced air*
Distribuzione: rotante / *Valvegear: rotary*
Alimentazione: 22 mm carburatore / *Fuel system: 22 mm carburettor*
Miscela / *Fuel mixture*: 2%
Accensione: elettronica / *Ignition: electronic*
Avviamento: leva a mano / *Starting: hand lever*
Frizione: multidisco in bagno olio / *Clutch: oil bath multiple plate*
Cambio: 4 marce - *Gearbox: 4 speeds*

CICLISTICA - ***FRAME, WHEELS, SUSPENSION, BRAKES***

Sospensione ant.: ruota tirata / *Front suspension: trailing link*
Sospensione post.: barre torsione / *Rear suspension: torsion bars*
Trasmissione finale: diretta / *Final drive: direct*
Ruote: lamiera, intercambiabili / *Wheels: pressed steel, interchangeable*
Freno ant.: tamburo 125 / *Front brake: 125 mm drum*
Freno post.: tamburo 125 mm / *Rear brake: 125 mm drum*
Pneumatici / *Tyres*: 4.50 x 10"

DIMENSIONI/PESO - ***DIMENSIONS/WEIGHT***

Lunghezza / *Length*: 3275 mm
Larghezza / *Width*: 1470 mm
Altezza / *Seat height*: 710 mm
Interasse / *Wheelbase*: 1960 mm
Serbatoio / *Fuel tank*: 16 litri/*litres*
Peso / *Weight*: 255 kg

PRESTAZIONI DICHIARATE - ***DECLARED PERFORMANCE***

Velocità / *Maximum speed*: 65 km/h
Consumo / *Fuel consumption*: 22 km/l

Come riconoscerlo / *Identifying the model*

La sospensione anteriore è a sinistra / *Front suspension on the left*
I parafanghi sono di colore nero / *Black mudguards*
La mascherina è orizzontale / *Horizontal grille*

I colori: giallo, verde / *Colours offered: yellow, green*
Esemplari prodotti / *Examples produced*: -
Portata cassone / *Loading capacity*: 700 kg

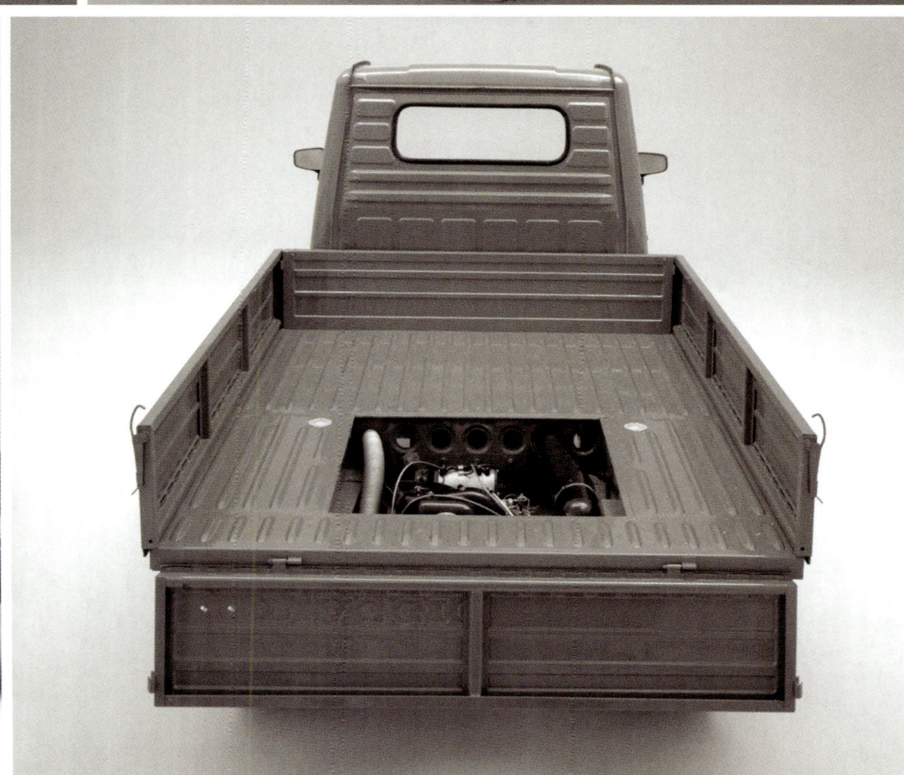

Calessino 200 (2015 -)

Come riconoscerlo / ***Identifying the model***

La capote è bianca / *White hood*
I fanali hanno le cornici color argento / *Silver headlight bezels*
Il parafango anteriore è arrotondato / *Rounded front mudguard*

I colori: rosso tinta unita / *Colours offered: solid red*
Esemplari prodotti: in produzione / *Examples produced: currently in production*
Portata cassone / *Loading capacity*: 250 kg

MOTORE - *ENGINE*
Cilindri/Tempi: mono/4T / *Cylinders/Cycle: single/four-stroke*
Cilindrata / *Displacement*: 197.0 cc
Alesaggio x corsa / *Bore and stroke*: 66.5 x 57 mm
Rapp. di compressione / *Compression ratio*: 8:1
Potenza/giri: 10 CV/4500 - *Power/rpm: 10hp/4500 rpm*
Coppia - giri: n.d. / *Torque – rpm: n.d.*
Raffreddamento: aria forzata / *Cooling: forced air*
Distribuzione: monoalbero in testa / *Valvegear: single overhead camshaft*
Alimentazione: iniezione / *Fuel system: fuel injection*
Benzina: verde / *Fuel: unleaded petrol*
Accensione: elettronica / *Ignition: electronic*
Avviamento: elettrico / *Starting: electric*
Frizione: multidisco in bagno olio / *Clutch: oil bath multiple plate*
Cambio: 4 marce - *Gearbox: 4 speeds*

CICLISTICA - *FRAME, WHEELS, SUSPENSION, BRAKES*
Telaio acciaio / *Frame: pressed steel*
Sospensione ant.: braccio oscillante / *Front suspension: trailing link*
Sospensione post.: bracci indipendenti / *Rear suspension: independent link arms*
Trasmissione finale: diretta / *Final drive: direct*
Ruote: lamiera, intercambiabili / *Wheels: pressed steel, interchangeable*
Freno ant.: tamburo 130 / *Front brake: 130 mm drum*
Freno post.: tamburo 130 mm / *Rear brake: 130 mm drum*
Pneumatici / *Tyres*: 4.00x12".

DIMENSIONI/PESO - *DIMENSIONS/WEIGHT*
Lunghezza / *Length*: 2700 mm
Larghezza / *Width*: 1335 mm
Altezza / *Seat height*: mm
Interasse / *Wheelbase*: 1920 mm
Serbatoio / *Fuel tank*: 10.5 litri/*litres*
Peso / *Weight*: 290 kg

PRESTAZIONI DICHIARATE - *DECLARED PERFORMANCE*
Velocità / *Maximum speed*: 55 km/h
Consumo / *Fuel consumption*: 28 km/l

Calessino 200 (2015 -)

CALESSINO 200 HL (2015 -)

Come riconoscerlo / ***Identifying the model***

I sedili sono di colore beige / *Beige seat upholstery*
I fanali hanno le cornici in tinta / *Body-colour headlight bezels*
Il parafango anteriore è arrotondato / *Rounded front mudguard*

I colori: bianco in tinta unita / *Colours offered: solid white*
Esemplari prodotti: in produzione / *Examples produced: currently in production*
Portata cassone / *Loading capacity*: 250 kg

MOTORE - ***ENGINE***
CILINDRI/TEMPI: MONO/4T / *CYLINDERS/CYCLE: SINGLE/FOUR-STROKE*
CILINDRATA / *DISPLACEMENT*: 197.0 CC
ALESAGGIO X CORSA / *BORE AND STROKE*: 66.5 X 57 MM
RAPP. DI COMPRESSIONE / *COMPRESSION RATIO*: 8:1
POTENZA/GIRI: 10 CV/4750 - *POWER/RPM: 10HP/4750 RPM*
COPPIA - GIRI: N.D. / *TORQUE – RPM: N.D.*
RAFFREDDAMENTO: ARIA FORZATA / *COOLING: FORCED AIR*
DISTRIBUZIONE: MONOALBERO IN TESTA / *VALVEGEAR: SINGLE OVERHEAD CAMSHAFT*
ALIMENTAZIONE: INIEZIONE / *FUEL SYSTEM: FUEL INJECTION*
BENZINA: VERDE / *FUEL: UNLEADED PETROL*
ACCENSIONE: ELETTRONICA / *IGNITION: ELECTRONIC*
AVVIAMENTO: ELETTRICO / *STARTING: ELECTRIC*
FRIZIONE: MULTIDISCO IN BAGNO OLIO / *CLUTCH: OIL BATH MULTIPLE PLATE*
CAMBIO: 4 MARCE - *GEARBOX: 4 SPEEDS*

CICLISTICA - ***FRAME, WHEELS, SUSPENSION, BRAKES***
TELAIO ACCIAIO / *FRAME: PRESSED STEEL*
SOSPENSIONE ANT.: BRACCIO OSCILLANTE / *FRONT SUSPENSION: TRAILING LINK*
SOSPENSIONE POST.: BRACCI INDIPENDENTI / *REAR SUSPENSION: INDEPENDENT LINK ARMS*
TRASMISSIONE FINALE: DIRETTA / *FINAL DRIVE: DIRECT*
RUOTE: LAMIERA, INTERCAMBIABILI / *WHEELS: PRESSED STEEL, INTERCHANGEABLE*
FRENO ANT.: TAMBURO 130 / *FRONT BRAKE: 130 MM DRUM*
FRENO POST.: TAMBURO 130 MM / *REAR BRAKE: 130 MM DRUM*
PNEUMATICI / *TYRES*: 4.00X12".

DIMENSIONI/PESO - ***DIMENSIONS/WEIGHT***
LUNGHEZZA / *LENGTH*: 2700 MM
LARGHEZZA / *WIDTH*: 1335 MM
ALTEZZA / *SEAT HEIGHT*: MM
INTERASSE / *WHEELBASE*: 1920 MM
SERBATOIO / *FUEL TANK*: 10.5 LITRI/*LITRES*
PESO / *WEIGHT*: 290 KG

PRESTAZIONI DICHIARATE - ***DECLARED PERFORMANCE***
VELOCITÀ / *MAXIMUM SPEED*: 55 KM/H
CONSUMO / *FUEL CONSUMPTION*: 28 KM/L

Ape

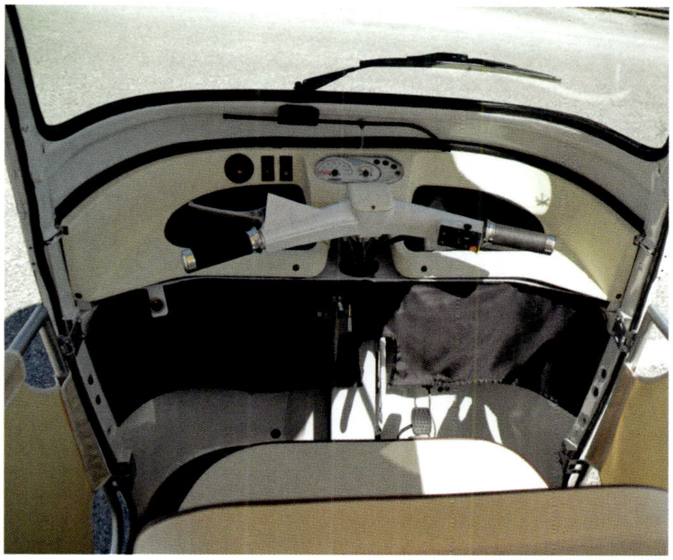

MOTORI DIESEL

DIESEL ENGINES

APECAR 422 (1984-1988)

Serie/*Series*

D1:	1984-1988
D3:	1986-1988

MOTORE - ***ENGINE***

Cilindri/Tempi: mono/4T - *Cylinders/Cycle: single/four-stroke*
Cilindrata / *Displacement*: 422 cc
Alesaggio x corsa / *Bore and stroke*: 83.0 x 78.0 mm
Rapp. di compressione / *Compression ratio*: 23:1
Potenza/giri: 12 CV/4300 - *Power/rpm: 12 hp/4300 rpm*
Coppia - giri / *Torque - rpm*: n.d.
Raffreddamento: aria forzata / *Cooling: forced air*
Distribuzione: monoalbero in testa / *Valvegear: single overhead camshaft*
Alimentazione: iniezione diretta / *Fuel system: direct injection*
Gasolio: auto trazione / *Automotive diesel fuel*
Accensione: auto accensione / *Ignition: self-ignition*
Avviamento: elettrico / *Starting: electric*
Frizione: multidisco in bagno olio / *Clutch: oil bath multiple plate*
Cambio: 4 marce - *Gearbox: 4 speeds*

CICLISTICA - ***FRAME, WHEELS, SUSPENSION, BRAKES***

Telaio: lamiera stampata / *Chassis: pressed steel*
Sospensione ant.: braccio oscillante / *Front suspension: trailing link*
Sospensione post.: bracci oscillante / *Rear suspension: trailing links*
Trasmissione finale: diretta / *Final drive: direct*
Ruote: lamiera, intercambiabili / *Wheels: pressed steel, interchangeable*
Freno ant. / *Front brake*: 120 mm
Freno post. / *Rear brake*: 120 mm
Pneumatici / *Tyres*: 4.00 x 12"

DIMENSIONI/PESO - ***DIMENSIONS/WEIGHT***

Lunghezza / *Length*: 3175 mm
Larghezza / *Width*: 1480 mm
Altezza / *Seat height*: 780 mm
Interasse / *Wheelbase*: 2170 mm
Serbatoio / *Fuel tank*: 15 litri/*litres*
Peso / *Weight*: 530 kg

PRESTAZIONI DICHIARATE - ***DECLARED PERFORMANCE***

Velocità / *Maximum speed*: 65 km/h
Consumo / *Fuel consumption*: 32 km/l

Come riconoscerlo / ***Identifying the model***

La cabina incorpora la ruota anteriore / *The cab incorporates the front wheel*
Il paraurti anteriore è esteso / *The front bumper is extended*
Lo sterzo è a manubrio o volante / *Steering with a handlebar or wheel*

I colori: grigio-verde / *Colours offered: grey-green*
Esemplari prodotti / *Examples produced:* 6700
Portata cassone / *Loading capacity:* 700 kg

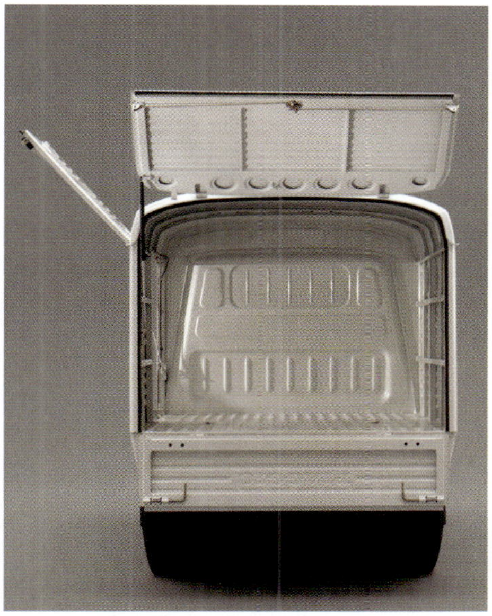

P

420 (1987-1997)

Serie / *Series*

703-M:	1987-1997
703-V:	1987-1997

Come riconoscerlo / ***Identifying the model***

La cabina è squadrata / *Square-cut cab*
Il parabrezza è piano / *Flat windscreen*
Il frontale è privo di mascherina / *No grille on the front panel*

I colori: azzurro / *Colours offered: light blue*
Esemplari prodotti / *Examples produced:* 12.500
Portata cassone / *Loading capacity:* 700 kg

MOTORE - ***ENGINE***
Cilindri/Tempi: mono/4T - *Cylinders/Cycle: single/four-stroke*
Cilindrata / *Displacement*: 422 cc
Alesaggio x corsa / *Bore and stroke*: 83.0 x 78.0 mm
Rapp. di compressione / *Compression ratio*: 23:1
Potenza/giri: 12 CV/4300 - *Power/rpm: 12 hp/4300 rpm*
Coppia - giri / *Torque - rpm*: n.d.
Raffreddamento: aria forzata / *Cooling: forced air*
Distribuzione: monoalbero in testa / *Valvegear: single overhead camshaft*
Alimentazione: iniezione diretta / *Fuel system: direct injection*
Gasolio: auto trazione / *Automotive diesel fuel*
Accensione: auto accensione / *Ignition: self-ignition*
Avviamento: elettrico / *Starting: electric*
Frizione: multidisco in bagno olio / *Clutch: oil bath multiple plate*
Cambio: 4 marce - *Gearbox: 4 speeds*

CICLISTICA - ***FRAME, WHEELS, SUSPENSION, BRAKES***
Telaio: lamiera stampata / *Chassis: pressed steel*
Sospensione ant.: braccio oscillante / *Front suspension: trailing link*
Sospensione post.: bracci oscillante / *Rear suspension: trailing links*
Trasmissione finale: diretta / *Final drive: direct*
Ruote: lamiera, intercambiabili / *Wheels: pressed steel, interchangeable*
Freno ant. / *Front brake*: 120 mm
Freno post. / *Rear brake*: 120 mm
Pneumatici / *Tyres*: 4.00 x 12"

DIMENSIONI/PESO - ***DIMENSIONS/WEIGHT***
Lunghezza / *Length*: 3175 mm
Larghezza / *Width*: 1480 mm
Altezza / *Seat height*: 780 mm
Interasse / *Wheelbase*: 2170 mm
Serbatoio / *Fuel tank*: 15 litri/*litres*
Peso / *Weight*: 530 kg

PRESTAZIONI DICHIARATE - ***DECLARED PERFORMANCE***
Velocità / *Maximum speed*: 65 km/h
Consumo / *Fuel consumption*: 32 km/l

FRUTTA
VERDURA
TOTALGAS

D Max 420 (1988-1994)

Serie/*Series*

D3: 1988-1994

MOTORE - *ENGINE*

Cilindri/Tempi: mono/4T - *Cylinders/Cycle: single/four-stroke*
Cilindrata / *Displacement*: 422 cc
Alesaggio x corsa / *Bore and stroke*: 83.0 x 78.0 mm
Rapp. di compressione / *Compression ratio*: 23:1
Potenza/giri: 12 CV/4500 - *Power/rpm: 12 hp/4300 rpm*
Coppia - giri / *Torque - rpm*: n.d.
Raffreddamento: aria forzata / *Cooling: forced air*
Distribuzione: monoalbero in testa / *Valvegear: single overhead camshaft*
Alimentazione: iniezione diretta - *Fuel system: direct injection*
Gasolio: auto trazione / *Automotive diesel fuel*
Accensione: auto accensione / *Ignition: self-ignition*
Avviamento: elettrico / *Starting: electric*
Frizione: multidisco in bagno olio / *Clutch: oil bath multiple plate*
Cambio: 4 marce - *Gearbox: 4 speeds*

CICLISTICA - *FRAME, WHEELS, SUSPENSION, BRAKES*

Telaio: lamiera stampata / *Chassis: pressed steel*
Sospensione ant.: braccio oscillante / *Front suspension: trailing link*
Sospensione post.: bracci oscillante / *Rear suspension: trailing links*
Trasmissione finale: diretta / *Final drive: direct*
Ruote: lamiera, intercambiabili / *Wheels: pressed steel, interchangeable*
Freno ant. / *Front brake*: 120 mm
Freno post. / *Rear brake*: 120 mm
Pneumatici / *Tyres*: 4.00 x 12"

DIMENSIONI/PESO - *DIMENSIONS/WEIGHT*

Lunghezza / *Length*: 3175 mm
Larghezza / *Width*: 1480 mm
Altezza / *Seat height*: 780 mm
Interasse / *Wheelbase*: 2170 mm
Serbatoio / *Fuel tank*: 15 litri/*litres*
Peso / *Weight*: 530 kg

PRESTAZIONI DICHIARATE - *DECLARED PERFORMANCE*

Velocità / *Maximum speed*: 65 km/h
Consumo / *Fuel consumption*: 32 km/l

Come riconoscerlo / ***Identifying the model***

La cabina incorpora la ruota anteriore / *The cab incorporates the front wheel*
Il paraurti anteriore è avvolgente / *Wrap-around front bumper*
I fanali sono rettangolari / *Rectangular headlights*

I colori: blu / *Colours offered: blue*
Esemplari prodotti / *Examples produced*: 8600
Portata cassone / *Loading capacity*: 900 kg

ape MAX D

9 quintali

9 quintali

TM 420 (1987-1997)

Serie/*Series*

D1-M:	1987-1997
D1-V:	1987-1997

MOTORE - ***ENGINE***

Cilindri/Tempi: mono/ 4T - *Cylinders/Cycle: single/four-stroke*

Cilindrata / *Displacement*: 422 cc

Alesaggio x corsa / *Bore and stroke*: 83.0 x 78.0 mm

Rapp. di compressione / *Compression ratio*: 23:1

Potenza/giri: 12 CV/4300 - *Power/rpm: 12 hp/4300 rpm*

Coppia - giri / *Torque - rpm*: n.d.

Raffreddamento: aria forzata / *Cooling: forced air*

Distribuzione: monoalbero in testa / *Valvegear: single overhead camshaft*

Alimentazione: iniezione diretta - *Fuel system: direct injection*

Gasolio: auto trazione / *Automotive diesel fuel*

Accensione: auto accensione / *Ignition: self-ignition*

Avviamento: elettrico / *Starting: electric*

Frizione: multidisco in bagno olio / *Clutch: oil bath multiple plate*

Cambio: 4 marce - *Gearbox: 4 speeds*

CICLISTICA - ***FRAME, WHEELS, SUSPENSION, BRAKES***

Telaio: lamiera stampata / *Chassis: pressed steel*

Sospensione ant.: braccio oscillante / *Front suspension: trailing link*

Sospensione post.: bracci oscillante / *Rear suspension: trailing links*

Trasmissione finale: diretta / *Final drive: direct*

Ruote: lamiera, intercambiabili / *Wheels: pressed steel, interchangeable*

Freno ant. / *Front brake*: 120 mm

Freno post. / *Rear brake*: 120 mm

Pneumatici / *Tyres*: 4.00 x 12"

DIMENSIONI/PESO - ***DIMENSIONS/WEIGHT***

Lunghezza / *Length*: 3175 mm

Larghezza / *Width*: 1480 mm

Altezza / *Seat height*: 780 mm

Interasse / *Wheelbase*: 2170 mm

Serbatoio / *Fuel tank*: 15 litri/*litres*

Peso / *Weight*: 530 kg

PRESTAZIONI DICHIARATE - ***DECLARED PERFORMANCE***

Velocità / *Maximum speed*: 65 km/h

Consumo / *Fuel consumption*: 32 km/l

Come riconoscerlo / ***Identifying the model***

La cabina è squadrata / *Square-cut cab*
La mascherina congiunge i fanali / *Grille linking the headlights*
Il parafango anteriore è squadrato / *Front mudguard is square-cut*

I colori: verde / *Colours offered: green*
Esemplari prodotti / *Examples produced*: 8000
Portata cassone / *Loading capacity*: 800 kg

FL 420 (1997-2004)

Serie/*Series*

FL1: 1997-1999

FL 2: 1999-2004

MOTORE - *ENGINE*

Cilindri/Tempi: mono/ 4T - *Cylinders/Cycle: single/four-stroke*
Cilindrata / *Displacement*: 422 cc
Alesaggio x corsa / *Bore and stroke*: 83.0 x 78.0 mm
Rapp. di compressione / *Compression ratio*: 23:1
Potenza/giri: 12 CV/4300 - *Power/rpm: 12 hp/4300 rpm*
Coppia - giri / *Torque - rpm*: n.d.
Raffreddamento: aria forzata / *Cooling: forced air*
Distribuzione: monoalbero in testa / *Valvegear: single overhead camshaft*
Alimentazione: iniezione diretta - *Fuel system: direct injection*
Gasolio: auto trazione / *Automotive diesel fuel*
Accensione: auto accensione / *Ignition: self-ignition*
Avviamento: elettrico / *Starting: electric*
Frizione: multidisco in bagno olio / *Clutch: oil bath multiple plate*
Cambio: 4 marce - *Gearbox: 4 speeds*

CICLISTICA - *FRAME, WHEELS, SUSPENSION, BRAKES*

Telaio: lamiera stampata / *Chassis: pressed steel*
Sospensione ant.: braccio oscillante / *Front suspension: trailing link*
Sospensione post.: bracci oscillante / *Rear suspension: trailing links*
Trasmissione finale: diretta / *Final drive: direct*
Ruote: lamiera, intercambiabili / *Wheels: pressed steel, interchangeable*
Freno ant. / *Front brake*: 120 mm
Freno post. / *Rear brake*: 120 mm
Pneumatici / *Tyres*: 4.00 x 12"

DIMENSIONI/PESO - *DIMENSIONS/WEIGHT*

Lunghezza / *Length*: 3175 mm
Larghezza / *Width*: 1480 mm
Altezza / *Seat height*: 780 mm
Interasse / *Wheelbase*: 2170 mm
Serbatoio / *Fuel tank*: 15 litri/*litres*
Peso / *Weight*: 530 kg

PRESTAZIONI DICHIARATE - *DECLARED PERFORMANCE*

Velocità / *Maximum speed*: 65 km/h
Consumo / *Fuel consumption*: 32 km/l

Come riconoscerlo / ***Identifying the model***

La sospensione anteriore è a sinistra / *Front suspension on the left*
I parafanghi sono di colore nero / *Black mudguards*
La mascherina è orizzontale / *Horizontal grille*

I colori: giallo, verde, arancione / *Colours offered: yellow, green, orange*
Esemplari prodotti / *Examples produced*: -
Portata cassone / *Loading capacity*: 700 kg

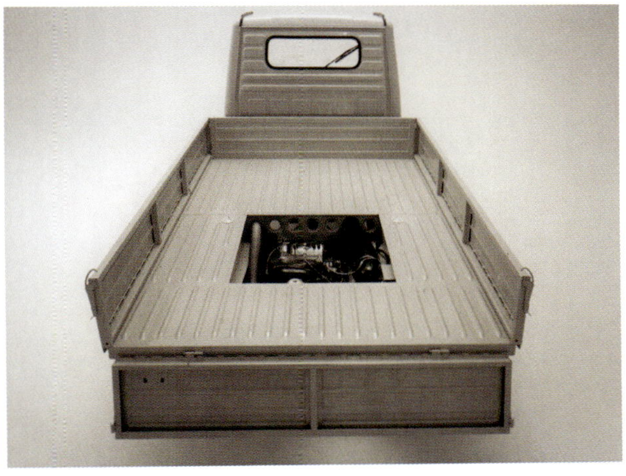

Classic 422 (2006-2007)

Serie/*Series*

Bo (2006-2007)

Come riconoscerlo / ***Identifying the model***

La linea è arrotondata / *Rounded styling*
I fanali sono inseriti in una cornice nera / *Headlights set in a black frame*
Il parafango anteriore è a becco / *Beak-like front mudguard*

I colori: azzurro chiaro / *Colours offered: sky blue*
Esemplari prodotti: / *Examples produced*
Portata cassone / *Loading capacity*: 800 kg

MOTORE - ***ENGINE***
Cilindri/Tempi: mono/4T - *Cylinders/Cycle: single/four-stroke*
Cilindrata / *Displacement*: 422 cc
Alesaggio x corsa / *Bore and stroke*: 83.0 x 78.0 mm
Rapp. di compressione / *Compression ratio*: 23.1
PPotenza/giri: 12 CV/4300 - *Power/rpm: 12 hp/4300 rpm*
Coppia - giri / *Torque - rpm*: n.d.
Raffreddamento: aria forzata / *Cooling: forced air*
Distribuzione: monoalbero in testa / *Valvegear: single overhead camshaft*
Alimentazione: iniezione diretta / *Fuel system: direct injection*
Gasolio: auto trazione / *Automotive diesel fuel*
Accensione: auto accensione / *Ignition: self-ignition*
Avviamento: elettrico / *Starting: electric*
Frizione: multidisco in bagno olio / *Clutch: oil bath multiple plate*
Cambio: 4 marce - *Gearbox*: *4 speeds*

CICLISTICA - ***FRAME, WHEELS, SUSPENSION, BRAKES***
Telaio: lamiera stampata / *Chassis: pressed steel*
Sospensione ant.: braccio oscillante / *Front suspension: trailing link*
Sospensione post.: bracci oscillante / *Rear suspension: trailing links*
Trasmissione finale: diretta / *Final drive: direct*
Ruote: lamiera, intercambiabili / *Wheels: pressed steel, interchangeable*
Freno ant. / *Front brake*: 120 mm
Freno post. / *Rear brake*: 120 mm
Pneumatici / *Tyres*: 4.00 x 12"

DIMENSIONI/PESO - ***DIMENSIONS/WEIGHT***
Lunghezza / *Length*: 3175 mm
Larghezza / *Width*: 1480 mm
Altezza / *Seat height*: 780 mm
Interasse / *Wheelbase*: 2170 mm
Serbatoio / *Fuel tank*: 15 litri/litres
Peso / *Weight*: 530 kg

PRESTAZIONI DICHIARATE - ***DECLARED PERFORMANCE***
Velocità / *Maximum speed*: 65 km/h
Consumo / *Fuel consumption*: 32 km/l

Classic 422 (2006-2007)

Classic — 435 (2014 -)

Serie/*Series*

T5 (2014-2015)

Come riconoscerlo / *Identifying the model*

La linea è arrotondata / *Rounded styling*
Il frontale presenta un'ampia mascherina nera / *Front panel features a broad black grille.*
Il parafango anteriore è a becco / *Beak-like front mudguard*

I colori: azzurro / *Colours offered: light blue*
Esemplari prodotti / *Examples produced*: -
Portata cassone / *Loading capacity*: 800 kg

MOTORE - *ENGINE*

Cilindri/Tempi: mono/4T - *Cylinders/Cycle: single/four-stroke*
Cilindrata / *Displacement*: 422 cc
Alesaggio x corsa / *Bore and stroke*: 83.0 x 78.0 mm
Rapp. di compressione / *Compression ratio*: 23:1
Potenza/giri: 12 CV/4300 - *Power/rpm: 12 hp/4300 rpm*
Coppia - giri / *Torque - rpm*: N.D.
Raffreddamento: aria forzata / *Cooling: forced air*
Distribuzione: monoalbero in testa / *Valvegear: single overhead camshaft*
Alimentazione: iniezione diretta / *Fuel system: direct injection*
Gasolio: auto trazione / *Automotive diesel fuel*
Accensione: auto accensione / *Ignition: self-ignition*
Avviamento: elettrico / *Starting: electric*
Frizione: multidisco in bagno olio / *Clutch: oil bath multiple plate*
Cambio: 4 marce - *Gearbox: 4 speeds*

CICLISTICA - *FRAME, WHEELS, SUSPENSION, BRAKES*

Telaio: lamiera stampata / *Chassis: pressed steel*
Sospensione ant.: braccio oscillante / *Front suspension: trailing link*
Sospensione post.: bracci oscillante / *Rear suspension: trailing links*
Trasmissione finale: diretta / *Final drive: direct*
Ruote: lamiera, intercambiabili / *Wheels: pressed steel, interchangeable*
Freno ant. / *Front brake*: 120 mm
Freno post. / *Rear brake*: 120 mm
Pneumatici / *Tyres*: 4.00 x 12"

DIMENSIONI/PESO - *DIMENSIONS/WEIGHT*

Lunghezza / *Length*: 3175 mm
Larghezza / *Width*: 1480 mm
Altezza / *Seat height*: 780 mm
Interasse / *Wheelbase*: 2170 mm
Serbatoio / *Fuel tank*: 15 litri/*litres*
Peso / *Weight*: 530 kg

PRESTAZIONI DICHIARATE - *DECLARED PERFORMANCE*

Velocità / *Maximum speed*: 65 km/h
Consumo / *Fuel consumption*: 32 km/l

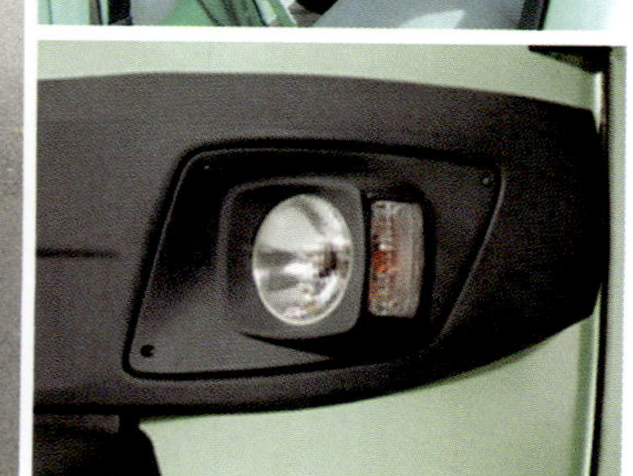

Calessino 422 (2007-2008)

Serie/***Series***

2D: 2007-2008

MOTORE - ***ENGINE***

Cilindri/Tempi: mono/4T - *Cylinders/Cycle: single/four-stroke*
Cilindrata / *Displacement*: 422 cc
Alesaggio x corsa / *Bore and stroke*: 83.0 x 78.0 mm
Rapp. di compressione / *Compression ratio*: 23.1
Potenza/giri: 12 CV/4300 - *Power/rpm: 12 hp/4300 rpm*
Coppia - giri / *Torque - rpm*: n.d.
Raffreddamento: aria forzata / *Cooling: forced air*
Distribuzione: monoalbero in testa / *Valvegear: single overhead camshaft*
Alimentazione: iniezione diretta - *Fuel system: direct injection*
Gasolio: auto trazione / *Automotive diesel fuel*
Accensione: auto accensione / *Ignition: self-ignition*
Avviamento: elettrico / *Starting: electric*
Frizione: multidisco in bagno olio / *Clutch: oil bath multiple plate*
Cambio: 4 marce - *Gearbox: 4 speeds*

CICLISTICA - ***FRAME, WHEELS, SUSPENSION, BRAKES***

Telaio: lamiera stampata / *Chassis: pressed steel*
Sospensione ant.: braccio oscillante / *Front suspension: trailing link*
Sospensione post.: bracci oscillante / *Rear suspension: trailing links*
Trasmissione finale: diretta / *Final drive: direct*
Ruote: lamiera, intercambiabili / *Wheels: pressed steel, interchangeable*
Freno ant. / *Front brake*: 120 mm
Freno post. / *Rear brake*: 120 mm
Pneumatici / *Tyres*: 4.00 x 12"

DIMENSIONI/PESO - ***DIMENSIONS/WEIGHT***

Lunghezza / *Length*: 3175 mm
Larghezza / *Width*: 1480 mm
Altezza / *Seat height*: 780 mm
Interasse / *Wheelbase*: 2170 mm
Serbatoio / *Fuel tank*: 15 litri/*litres*
Peso / *Weight*: 530 kg

PRESTAZIONI DICHIARATE - ***DECLARED PERFORMANCE***

Velocità / *Maximum speed*: 65 km/h
Consumo / *Fuel consumption*: 32 km/l

Come riconoscerlo / ***Identifying the model***

La capote è in tela / *Canvas hood*
Le portiere sono in tela / *Canvas doors*
La carrozzeria ha inserti in legno / *Bodywork with inserts in wood*

I colori: blu-bianco / *Colours offered: blue-white*
Esemplari prodotti / *Examples produced*: 999
Portata cassone / *Loading capacity*: 700 kg

Calessino 422 (2007-2008)

Calessino 422 Presidenziale (2008)

Serie/*Series*

D4 (2008)

Come riconoscerlo / ***Identifying the model***

La capote e le portiere sono in tela blu / *Hood and doors in blue canvas*
Riporta lo stemma del Quirinale / *Carries the Quirinale coat of arms*
È un esemplare unico / *One-off*

I colori: blu scuro / *Colours offered: dark blue*
Esemplari prodotti / *Examples produced*: 1
Portata cassone / *Loading capacity*: 700 kg

Motore - ***Engine***
Cilindri/Tempi: mono/ 4T - *Cylinders/Cycle: single/four-stroke*
Cilindrata / *Displacement*: 422 cc
Alesaggio x corsa / *Bore and stroke*: 83.0 x 78.0 mm
Rapp. di compressione / *Compression ratio*: 23:1
Potenza/giri: 12 CV/4300 - *Power/rpm: 12 hp/4300 rpm*
Coppia - giri / *Torque - rpm*: n.d.
Raffreddamento: aria forzata / *Cooling: forced air*
Distribuzione: monoalbero in testa / *Valvegear: single overhead camshaft*
Alimentazione: iniezione diretta - *Fuel system: direct injection*
Gasolio: auto trazione / *Automotive diesel fuel*
Accensione: auto accensione / *Ignition: self-ignition*
Avviamento: elettrico / *Starting: electric*
Frizione: multidisco in bagno olio / *Clutch: oil bath multiple plate*
Cambio: 4 marce - *Gearbox: 4 speeds*

Ciclistica - ***Frame, wheels, suspension, brakes***
Telaio: lamiera stampata / *Chassis: pressed steel*
Sospensione ant.: braccio oscillante / *Front suspension: trailing link*
Sospensione post.: bracci oscillante / *Rear suspension: trailing links*
Trasmissione finale: diretta / *Final drive: direct*
Ruote: lamiera, intercambiabili / *Wheels: pressed steel, interchangeable*
Freno ant. / *Front brake*: 120 mm
Freno post. / *Rear brake*: 120 mm
Pneumatici / *Tyres*: 4.00 x 12"

Dimensioni/Peso - ***Dimensions/Weight***
Lunghezza / *Length*: 3175 mm
Larghezza / *Width*: 1480 mm
Altezza / *Seat height*: 780 mm
Interasse / *Wheelbase*: 2170 mm
Serbatoio / *Fuel tank*: 15 litri/*litres*
Peso / *Weight*: 530 kg

Prestazioni dichiarate - ***Declared performance***
Velocità / *Maximum speed*: 65 km/h
Consumo / *Fuel consumption*: 32 km/l

PIAGGIO
1948
2008

1948
2008

1948
2008

ELETTROCAR (1978-1993)

Serie/*Series*

EL1: **1978-1982**

EL2: **1982-1993**

Come riconoscerlo / ***Identifying the model***

Estetica come Ape Car / *Styling as per Ape Car*
Ha un carrellino in dotazione / *Supplied with trolley*
Il logo è sul frontale / *Logo on the front panel*

Colori: giallo / *Colours offered: yellow*
Esemplari prodotti: xxxxxxxxxxx / *Examples produced*
Portata cassone / *Loading capacity*: 400 kg

MOTORE - *ENGINE*

TIPOLOGIA: CORRENTE CONTINUA / *TYPE: DIRECT CURRENT*
TENSIONE / *VOLTAGE*: 72 V
N. BATTERIE / *O. BATTERIES*: 12
VOLTAGGIO BATTERIE / *BATTERY VOLTAGE*: 6V

CICLISTICA - *FRAME, WHEELS, SUSPENSION, BRAKES*

TELAIO: LAMIERA STAMPATA / *CHASSIS: PRESSED STEEL*
SOSPENSIONE ANT.: BRACCIO OSCILLANTE / *FRONT SUSPENSION: TRAILING LINK*
SOSPENSIONE ANT.: BRACCIO OSCILLANTE / *FRONT SUSPENSION: TRAILING LINK*
TRASMISSIONE FINALE: DIRETTA / *FINAL DRIVE: DIRECT*
RUOTE: LAMIERA, INTERCAMBIABILI / *WHEELS: PRESSED STEEL, INTERCHANGEABLE*
FRENO ANT. / *FRONT BRAKE*: 110 MM
FRENO POST. / *REAR BRAKE*: 110 MM
PNEUMATICI / *TYRES*: 4.50x10".

DIMENSIONI/PESO - *DIMENSIONS/WEIGHT*

LUNGHEZZA / *LENGTH*: 3275 MM
LARGHEZZA / *WIDTH*: 1450 MM
ALTEZZA / *SEAT HEIGHT*: 780 MM
INTERASSE / *WHEELBASE*: 2170 MM
SERBATOIO: BATTERIE / *TANK: BATTERIES*
PESO / *WEIGHT*: 630 KG

PRESTAZIONI DICHIARATE - *DECLARED PERFORMANCE*

VELOCITÀ / *MAXIMUM SPEED*: 45 KM/H
CONSUMO: ELETTRICO / *FUEL CONSUMPTION: ELECTRIC*

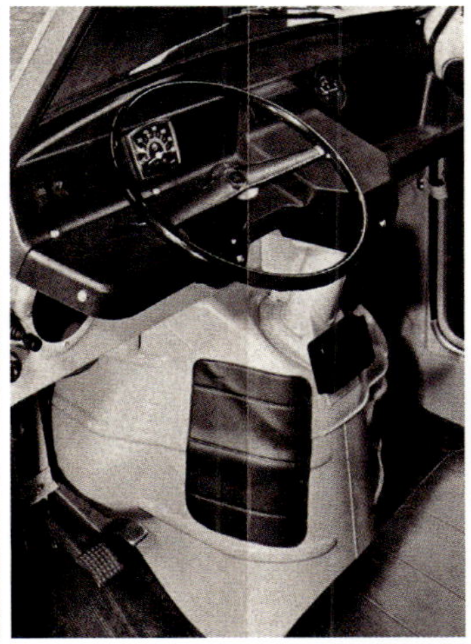

APE elettro CAR

APE
elettro
CAR
Proposta PIAGGIO per i problemi energetici e di inquinamento atmosferico
APE ELETTROCAR versione PIANALE

50 CC

50

(1969-1980)

Serie/*Series*

L1: 1969-1971

L2: 1971-1980

MOTORE - ***ENGINE***

Cilindri/Tempi: mono/2T - *Cylinders/Cycle: single/two-stroke*
Cilindrata / *Displacement*: 49.8 cc
Alesaggio x corsa / *Bore and stroke*: 38.4 x 43 mm
Rapp. di compressione / *Compression ratio*: 7.2:1
Potenza/giri: 1.5 CV/4500 - *Power/rpm: 1.5 hp/4500 rpm*
Coppia - giri / *Torque - rpm*: n.d.
Raffreddamento: aria forzata / *Cooling: forced air*
Distribuzione: pistone a testa piatta / *flat-head piston*
Alimentazione: carburatore 18 mm / *Fuel system: 18 mm carburettor*
Miscela / *Fuel mixture*: 2%
Accensione: volano-magnete / *Ignition: flywheel magneto*
Avviamento: leva a mano / *Starting: hand lever*
Frizione: multidisco in bagno olio / *Clutch: oil bath multiple plate*
Cambio: 4 marce - *Gearbox: 4 speeds*

CICLISTICA - ***FRAME, WHEELS, SUSPENSION, BRAKES***

Telaio: acciaio / *Frame: pressed steel*
Sospensione ant.: ruota tirata / *Front suspension: trailing link*
Sospensione post.: barre torsione / *Rear suspension: torsion bars*
Trasmissione finale: diretta / *Final drive: direct*
Ruote: lamiera, intercambiabili / *Wheels: pressed steel, interchangeable*
Freno ant.: tamburo 125 mm / *Front brake: 125 mm drum*
Freno post.: tamburo 125 mm / *Rear brake: 125 mm drum*
Pneumatici / *Tyres*: 100/90-10"

DIMENSIONI/PESO - ***DIMENSIONS/WEIGHT***

Lunghezza / *Length*: 2530 mm
Larghezza / *Width*: 1260 mm
Altezza / *Seat height*: 76 mm
Interasse / *Wheelbase*: 1590 mm
Serbatoio / *Fuel tank*: 10 litri/*litres*
Peso / *Weight*: 185 kg

PRESTAZIONI DICHIARATE - ***DECLARED PERFORMANCE***

Velocità / *Maximum speed*: 45 km/h
Consumo / *Fuel consumption*: 33 km/l

Come riconoscerlo / *Identifying the model*

La cabina è priva di portiere / *Cab without doors*
Il comando del cambio è a manopola / *Gear shift lever*
Il parafango anteriore è squadrato / *Front mudguard is square-cut*

Colori: giallo / *Colours offered: yellow*
Esemplari prodotti / *Examples produced*: 74.615
Portata cassone / *Loading capacity*: 180 kg

APE 50

PIAGGIO

50 P (1980-1986)

Serie/*Series*

L3: 1980-1986

L3 Elestart: 1984-1985

Come riconoscerlo / ***Identifying the model***

La cabina ha le portiere / *Cab has doors*
Il manubrio è rialzato / *Raised handlebar*
Il parafango anteriore ha delle feritoie / *Slotted front mudguard.*

I colori: azzurro / *Colours offered: light blue*
Esemplari prodotti / *Examples produced*: 72.758
Portata cassone / *Loading capacity*: 180 kg

MOTORE - ***ENGINE***

Cilindri/Tempi: mono/2T - *Cylinders/Cycle: single/two-stroke*
Cilindrata / *Displacement*: 49.8 cc
Alesaggio x corsa / *Bore and stroke*: 38.4 x 43 mm
Rapp. di compressione / *Compression ratio*: 7.2:1
Potenza/giri: 1.5 CV/4500 - *Power/rpm: 1.5 hp/4500 rpm*
Coppia - giri / *Torque - rpm*: n.d.
Raffreddamento: aria forzata / *Cooling: forced air*
Distribuzione: pistone a testa piatta / *flat-head piston*
Alimentazione: carburatore 18 mm / *Fuel system: 18 mm carburettor*
Miscela / *Fuel mixture*: 2%
Accensione: volano-magnete / *Ignition: flywheel magneto*
Avviamento: leva a mano / *Starting: hand lever*
Frizione: multidisco in bagno olio / *Clutch: oil bath multiple plate*
Cambio: 4 marce - *Gearbox: 4 speeds*

CICLISTICA - ***FRAME, WHEELS, SUSPENSION, BRAKES***

Telaio: acciaio / *Frame: pressed steel*
Sospensione ant.: ruota tirata / *Front suspension: trailing link*
Sospensione post.: barre torsione / *Rear suspension: torsion bars*
Trasmissione finale: diretta / *Final drive: direct*
Ruote: lamiera, intercambiabili / *Wheels: pressed steel, interchangeable*
Freno ant.: tamburo 125 mm / *Front brake: 125 mm drum*
Freno post.: tamburo 125 mm / *Rear brake: 125 mm drum*
Pneumatici / *Tyres*: 100/90-10"

DIMENSIONI/PESO - ***DIMENSIONS/WEIGHT***

Lunghezza / *Length*: 2530 mm
Larghezza / *Width*: 1260 mm
Altezza / *Seat height*: 76 mm
Interasse / *Wheelbase*: 1590 mm
Serbatoio / *Fuel tank*: 10 litri/*litres*
Peso / *Weight*: 185 kg

PRESTAZIONI DICHIARATE - ***DECLARED PERFORMANCE***

Velocità / *Maximum speed*: 45 km/h
Consumo / *Fuel consumption*: 33 km/l

50 TM (1985-1993)

Serie / *Series*

L4: 1985-1993

L4 Elestart: 1985-1992

MOTORE - *ENGINE*

Cilindri/Tempi: mono/2T - *Cylinders/Cycle: single/two-stroke*
Cilindrata / *Displacement*: 49.8 cc
Alesaggio x corsa / *Bore and stroke*: 38.4 x 43 mm
Rapp. di compressione / *Compression ratio*: 7.2:1
Potenza/giri: 1.5 CV/4500 - *Power/rpm: 1.5 hp/4500 rpm*
Coppia - giri / *Torque - rpm*: n.d.
Raffreddamento: aria forzata / *Cooling: forced air*
Distribuzione: pistone a testa piatta / *Valvegear: flat-head piston*
Alimentazione: carburatore 18 mm / *Fuel system: 18 mm carburettor*
Miscela / *Fuel mixture*: 2%
Accensione: volano-magnete / *Ignition: flywheel magneto*
Avviamento: leva a mano / *Starting: hand lever*
Frizione: multidisco in bagno olio / *Clutch: oil bath multiple plate*
Cambio: 4 marce - *Gearbox: 4 speeds*

CICLISTICA - *FRAME, WHEELS, SUSPENSION, BRAKES*

Telaio: acciaio / *Frame: pressed steel*
Sospensione ant.: ruota tirata / *Front suspension: trailing link*
Sospensione post.: barre torsione / *Rear suspension: torsion bars*
Trasmissione finale: diretta / *Final drive: direct*
Ruote: lamiera, intercambiabili / *Wheels: pressed steel, interchangeable*
Freno ant.: tamburo 125 mm / *Front brake*: *125 mm drum*
Freno post.: tamburo 125 mm / *Rear brake*: *125 mm drum*
Pneumatici / *Tyres*: 100/90-10"

DIMENSIONI/PESO - *DIMENSIONS/WEIGHT*

Lunghezza / *Length*: 2530 mm
Larghezza / *Width*: 1260 mm
Altezza / *Seat height*: 76 mm
Interasse / *Wheelbase*: 1590 mm
Serbatoio / *Fuel tank*: 10 litri/*litres*
Peso / *Weight*: 185 kg

PRESTAZIONI DICHIARATE - *DECLARED PERFORMANCE*

Velocità / *Maximum speed*: 45 km/h
Consumo / *Fuel consumption*: 33 km/l

Come riconoscerlo / ***Identifying the model***

Il parabrezza è piano / *Flat windscreen*
Il profilo segue frontale e portiere / *Trim line follows front panel and door*
Il finestrino è in diagonale / *Diagonal side window*

I colori: blu - bianco / *Colours offered: blue - white*
Esemplari prodotti / *Examples produced*: 53.781
Portata cassone / *Loading capacity*: 180 kg

APE TM P 50
FORTE COME UN PESO MASSIMO
AGILE COME UN PESO MOSCA

Ape TM P 50 è un modo diverso di lavorare. Perché al mondo nessun compagno di lavoro ti chiede così poco e ti dà così tanto.
Ape TM P 50 ti dà la sua forza: 2 quintali di portata utile sul piano di carico liscio, regolare e all'altezza più comoda.
Ti dà la sua agilità: così piccolo va dove nessun altro mezzo può arrivare. Ti dà la sua affidabilità: sempre più difficile fermarsi dal meccanico. Ti dà la sua comodità: una cabina chiusa, sicura, oggi ancora più ampia e confortevole.
E in cambio Ape TM P 50 non ti chiede quasi nulla: un basso costo iniziale, un bassissimo costo di esercizio e consumi davvero minimi, da ciclomotore. Ape TM P 50 non ti chiede nemmeno di avere la patente, né la spesa dell'immatricolazione. In più Ape TM P 50 oggi è nuovo: piano di carico più lungo nella versione pianale, cabina più ampia, sedile più largo e comodo, manubrio rialzato più maneggevole, comandi più funzionali, plancia più larga e – tocco finale – esterno più moderno ed elegante. Per sottolineare che Ape è un mezzo attualissimo, da imprenditori veri e intelligenti.

APE TM P 50
DAI PIU' COLORE AL TUO LAVORO

Ecco fatto, Ape TM P 50 ha detto "basta" al lavoro monotono e monocolore. Sì, oggi Piaggio ti dà tante idee per colorare, personalizzare, firmare il tuo Ape TM P 50 con i simboli del tuo lavoro o con un marchio di sponsor prestigiosi.
Un modo originale e inedito di promuovere la tua attività, di incrementare il tuo lavoro e di farlo viaggiare su nuove strade. Ma anche un modo intelligente di farti pubblicità da solo portando in giro, se vuoi, anche il tuo nome. E ancora una volta Ape TM P 50 ti dimostra di essere il più furbo, il più versatile, e anche il più simpatico fra i mezzi di trasporto leggeri.
Il lavoro non sarà mai più grigio: si fa largo il nuovo Ape TM P 50 colorato. Chi garantisce è Piaggio.

APE TM P 50 FURGONE
CANTANDO SOTTO LA PIOGGIA

Ape TM P 50 ha pensato a tutte le esigenze di chi lavora. Se la merce che abitualmente trasporti è deperibile, teme le intemperie o può attirare l'interesse di qualcuno svelto di mano, c'è l'Ape TM P 50 furgone. Protetta dalla pioggia e dal sole, chiusa a chiave, la tua merce è sicura di arrivare a destinazione nel modo migliore.
Un accorgimento che non poteva mancare su un mezzo studiato nei minimi particolari. E dotato anche della fantasia e simpatia per dare un nuovo tocco alle tue giornate di lavoro.

1 - Particolare del frontale e della fiancata dell'Ape TM P50. Si notano il lampeggiatore laterale a luce arancione, i doppi specchietti retrovisori e il nuovo tergicristallo centrale con ampio raggio di pulitura.
2 - Il gruppo ottico posteriore di dimensioni maggiorate per una maggiore visibilità del veicolo e aumento della sicurezza.
3 - Le ruote utilizzano pneumatici 3,50x10"; le sospensioni sono indipendenti con molla elicoidale ed ammortizzatore idraulico.
4 - I comandi di guida dell'Ape TM P50 Elestart con il pulsante dell'avviamento elettrico posizionato sul lato sinistro del manubrio.
5 - Il proiettore anteriore con luci regolamentari inserito in una mascherina di nuovo disegno.

50 FL (1989-1995)

Serie/*Series*

L6: 1989-1995

Come riconoscerlo / *Identifying the model*

Il frontale ha un faro singolo / *Single headlight*
Il profilo del frontale segue sulle portiere / *Front panel trim continued on doors*
Le ruote presentano dei cerchi / *Wheels with covers*

I colori: azzurro / *Colours offered: light blue*
Esemplari prodotti / *Examples produced: 68.898*
Portata cassone / *Loading capacity: 180 kg*

MOTORE - *ENGINE*

Cilindri/Tempi: mono/2T - *Cylinders/Cycle: single/two-stroke*
Cilindrata / *Displacement*: 49.8 cc
Alesaggio x corsa / *Bore and stroke*: 38.4 x 43 mm
Rapp. di compressione / *Compression ratio*: 7.2:1
Potenza/giri: 1.5 CV/4500 - *Power/rpm: 1.5 hp/4500 rpm*
Coppia - giri / *Torque - rpm*: n.d.
Raffreddamento: aria forzata / *Cooling: forced air*
Distribuzione: pistone a testa piatta / *Valvegear: flat-head piston*
Alimentazione: carburatore 18 mm / *Fuel system: 18 mm carburettor*
Miscela / *Fuel mixture*: 2%
Accensione: volano-magnete / *Ignition: flywheel magneto*
Avviamento: leva a mano / *Starting: hand lever*
Frizione: multidisco in bagno olio / *Clutch: oil bath multiple plate*
Cambio: 4 marce - *Gearbox: 4 speeds*

CICLISTICA - *FRAME, WHEELS, SUSPENSION, BRAKES*

Telaio: acciaio / *Frame: pressed steel*
Sospensione ant.: ruota tirata / *Front suspension: trailing link*
Sospensione post. : barre torsione / *Rear suspension: torsion bars*
Trasmissione finale: diretta / *Final drive: direct*
Ruote: lamiera, intercambiabili / *Wheels: pressed steel, interchangeable*
Freno ant.: tamburo 125 mm / *Front brake: 125 mm drum*
Freno post.: tamburo 125 mm / *Rear brake: 125 mm drum*
Pneumatici / *Tyres*: 100/90-10”

DIMENSIONI/PESO - *DIMENSIONS/WEIGHT*

Lunghezza / *Length*: 2530 mm
Larghezza / *Width*: 1260 mm
Altezza / *Seat height*: 76 mm
Interasse / *Wheelbase*: 1590 mm
Serbatoio / *Fuel tank*: 10 litri/*litres*
Peso / *Weight*: 185 kg

PRESTAZIONI DICHIARATE - *DECLARED PERFORMANCE*

Velocità / *Maximum speed*: 45 km/h
Consumo / *Fuel consumption*: 33 km/l

APE 50
NUOVO E SIMPATICO
E CAPACE
CONFORTEVOLE E SICURO
migliore accessibilità leva retromarcia
migliore ergonomia leva freno a mano
APE 50 è oggi completamente rinnovato, a partire dalla nuova conformazione dei finestrini, per una sempre maggiore visibilità e facilità di guida, dai nuovi coprimanubrio, leve, commutatori e manopole, fino ai pratici ed eleganti rivestimenti anteriori e laterali della cabina.
Nuovo nell'estetica e nelle rifiniture APE 50 si presenta come un veicolo giovane e simpatico, indispensabile collaboratore sul lavoro, utile per chi deve effettuare consegne o trasportare carichi.
Ma è anche un inseparabile amico per le attività del tempo libero, per un piccolo trasloco, per una giornata a pesca o in campagna.
Oltre alle tradizionali valenze positive della formula APE, il piccolo grande tre ruote può vantare anche la garanzia del marchio Piaggio che assicura notorietà, qualità del prodotto ed una rete distributiva e di assistenza capillare e affidabile.
nuove targhette in materiale plastico
nuovo parafango anteriore
nuovo coprimanubrio
bloccasterzo con commutatore a chiave (chiave comune a quella della porta)
L'estetica rinnovata in tanti particolari è stata studiata infatti per rendere sempre più gradevole e sicuro l'uso del veicolo. Il nuovo APE 50 ha pensato a tutte le esigenze di chi lavora.
Ad esempio, se la merce che trasporti abitualmente è deperibile, teme le intemperie o può attirare l'interesse di qualcuno svelto di mano, APE 50 si propone nella versione furgone.
Protetta dalla pioggia e dal sole, chiusa a chiave, la tua merce è sicura di arrivare a destinazione nel modo migliore.
Questo è solo uno dei tanti accorgimenti che non potevano mancare su un mezzo studiato nei minimi particolari APE 50 è un veicolo attualissimo, riservato ad una utenza giovane e concreta.
ape 50

ape50

50 Cross (1996-1999)

Serie/*Series*

L5: 1996-1999

Motore - ***Engine***
Cilindri/Tempi: mono/2T - *Cylinders/Cycle: single/two-stroke*
Cilindrata / *Displacement*: 49.8 cc
Alesaggio x corsa / *Bore and stroke*: 38.4 x 43 mm
Rapp. di compressione / *Compression ratio*: 7.2:1
Potenza/giri: 1.5 CV/4300 - *Power/rpm: 1.5 hp/4500 rpm*
Coppia - giri / *Torque - rpm*: n.d.
Raffreddamento: aria forzata / *Cooling: forced air*
Distribuzione: pistone a testa piatta / *Valvegear: flat-head piston*
Alimentazione: carburatore 18 mm / *Fuel system*: *18 mm carburettor*
Miscela / *Fuel mixture*: 2%
Accensione: volano-magnete / *Ignition: flywheel magneto*
Avviamento: leva a mano / *Starting: hand lever*
Frizione: multidisco in bagno olio / *Clutch: oil bath multiple plate*
Cambio: 4 marce - *Gearbox*: *4 speeds*

Ciclistica - ***Frame, wheels, suspension, brakes***
Telaio: acciaio / *Frame: pressed steel*
Sospensione ant.: ruota tirata / *Front suspension: trailing link*
Sospensione post.: barre torsione / *Rear suspension: torsion bars*
Trasmissione finale: diretta / *Final drive: direct*
Ruote: lamiera, intercambiabili / *Wheels: pressed steel, interchangeable*
Freno ant.: tamburo 125 mm / *Front brake*: *125 mm drum*
Freno post.: tamburo 125 mm / *Rear brake*: *125 mm drum*
Pneumatici / *Tyres*: 100/90-10"

Dimensioni/Peso - ***Dimensions/Weight***
Lunghezza / *Length*: 2530 mm
Larghezza / *Width*: 1260 mm
Altezza / *Seat height*: 76 mm
Interasse / *Wheelbase*: 1590 mm
Serbatoio / *Fuel tank*: 10 litri/*litres*
Peso / *Weight*: 185 kg

Prestazioni dichiarate - ***Declared performance***
Velocità / *Maximum speed*: 45 km/h
Consumo / *Fuel consumption*: 33 km/l

Come riconoscerlo / ***Identifying the model***

Il faro è sdoppiato (singolo nel 1994) / *Twin headlights (single in 1994)*
Il roll bar sul cassone è di serie / *Roll-bar on the lading bed as standard*
L'autoradio è di serie / *Standard radio*

I colori: blu, giallo, rosso / *Colours offered: blue, yellow, red*
Esemplari prodotti / *Examples produced*: -
Portata cassone / *Loading capacity*: 180 kg

APE CROSS

PIAGGIO

50 Cross (1996-1999)

50 CROSS COUNTRY (1999-2013)

Serie/***Series***

L5: 1999-2013

MOTORE - ***ENGINE***
CILINDRI/TEMPI: MONO/2T - *CYLINDERS/CYCLE: SINGLE/TWO-STROKE*
CILINDRATA / *DISPLACEMENT*: 49.8 CC
ALESAGGIO X CORSA / *BORE AND STROKE*: 38.4 X 43 MM
RAPP. DI COMPRESSIONE / *COMPRESSION RATIO*: 7.2:1
POTENZA/GIRI: 1.5 CV/4500 - *POWER/RPM: 1.5 HP/4500 RPM*
COPPIA - GIRI / *TORQUE - RPM*: N.D.
RAFFREDDAMENTO: ARIA FORZATA / *COOLING: FORCED AIR*
DISTRIBUZIONE: PISTONE A TESTA PIATTA / *VALVEGEAR: FLAT-HEAD PISTON*
ALIMENTAZIONE: CARBURATORE 18 MM / *FUEL SYSTEM: 18 MM CARBURETTOR*
MISCELA / *FUEL MIXTURE*: 2%
ACCENSIONE: VOLANO-MAGNETE / *IGNITION: FLYWHEEL MAGNETO*
AVVIAMENTO: LEVA A MANO / *STARTING: HAND LEVER*
FRIZIONE: MULTIDISCO IN BAGNO OLIO / *CLUTCH: OIL BATH MULTIPLE PLATE*
CAMBIO: 4 MARCE - *GEARBOX: 4 SPEEDS*

CICLISTICA - ***FRAME, WHEELS, SUSPENSION, BRAKES***
TELAIO: ACCIAIO / *FRAME: PRESSED STEEL*
SOSPENSIONE ANT.: RUOTA TIRATA / *FRONT SUSPENSION: TRAILING LINK*
SOSPENSIONE POST.: BARRE TORSIONE / *REAR SUSPENSION: TORSION BARS*
TRASMISSIONE FINALE: DIRETTA / *FINAL DRIVE: DIRECT*
RUOTE: LAMIERA, INTERCAMBIABILI / *WHEELS: PRESSED STEEL, INTERCHANGEABLE*
FRENO ANT.: TAMBURO 125 MM / *FRONT BRAKE: 1125 MM DRUM*
FRENO POST.: TAMBURO 125 MM / *REAR BRAKE: 125 MM DRUM*
PNEUMATICI / *TYRES*: 100/90-10”

DIMENSIONI/PESO - ***DIMENSIONS/WEIGHT***
LUNGHEZZA / *LENGTH*: 2530 MM
LARGHEZZA / *WIDTH*: 1260 MM
ALTEZZA / *SEAT HEIGHT*: 76 MM
INTERASSE / *WHEELBASE*: 1590 MM
SERBATOIO / *FUEL TANK*: 10 LITRI/*LITRES*
PESO / *WEIGHT*: 185 KG

PRESTAZIONI DICHIARATE - ***DECLARED PERFORMANCE***
VELOCITÀ / *MAXIMUM SPEED*: 45 KM/H
CONSUMO / *FUEL CONSUMPTION*: 33 KM/L

Come riconoscerlo / ***Identifying the model***

Il parafango ha un paraurti tubolare / *Mudguard with a tubular bumper*
Il fanale ha una mascherina / *Headlight with a surround*
Il cassone ha il roll bar / *Loading bed with a roll-bar*

I colori: giallo, blu, rosso / *Colours offered: yellow, blue, red*
Esemplari prodotti / *Examples produced*: -
Portata cassone / *Loading capacity*: 180 kg

50 Cross Country (1999-2013)

50 **Web** (2001-2005)

Serie/*Series*

PC (2001-)

Come riconoscerlo / ***Identifying the model***

Il parafango ha un paraurti tubolare / *Mudguard with a tubular bumper*
Il fanale ha una mascherina / *Headlight with a surround*
Il cassone ha il roll bar / *Loading bed with a roll-bar*

I colori: blu / *Colours offered: blue*
Esemplari prodotti / *Examples produced*: -
Portata cassone / *Loading capacity*: 180 kg

MOTORE - ***ENGINE***
Cilindri/Tempi: mono/ 2T - *Cylinders/Cycle: single/two-stroke*
Cilindrata / *Displacement*: 49.8 cc
Alesaggio x corsa / *Bore and stroke*: 38.4 x 43 mm
Rapp. di compressione / *Compression ratio*: 7.2:1
Potenza/giri: 1.5 CV/4500 - *Power/rpm: 1.5 hp/4500 rpm*
Coppia - giri / *Torque - rpm*: n.d.
Raffreddamento: aria forzata / *Cooling: forced air*
Distribuzione: pistone a testa piatta / *Valvegear: flat-head piston*
Alimentazione: carburatore 18 mm / *Fuel system*: *18 mm carburettor*
Miscela / *Fuel mixture*: 2%
Accensione: volano-magnete / *Ignition: flywheel magneto*
Avviamento: leva a mano / *Starting: hand lever*
Frizione: multidisco in bagno olio / *Clutch: oil bath multiple plate*
Cambio: 4 marce - *Gearbox*: *4 speeds*

CICLISTICA - ***FRAME, WHEELS, SUSPENSION, BRAKES***
Sospensione ant.: ruota tirata / *Front suspension: trailing link*
Sospensione post.: barre torsione / *Rear suspension: torsion bars*
Trasmissione finale: diretta / *Final drive: direct*
Ruote: lamiera, intercambiabili / *Wheels: pressed steel, interchangeable*
Freno ant.: tamburo 125 mm / *Front brake*: *125 mm drum*
Freno post.: tamburo 125 mm / *Rear brake*: *125 mm drum*
Pneumatici / *Tyres*: 100/90-10"

DIMENSIONI/PESO - ***DIMENSIONS/WEIGHT***
Lunghezza / *Length*: 2530 mm
Larghezza / *Width*: 1260 mm
Altezza / *Seat height*: 76 mm
Interasse / *Wheelbase*: 1590 mm
Serbatoio / *Fuel tank*: 10 litri/*litres*
Peso / *Weight*: 185 kg

PRESTAZIONI DICHIARATE - ***DECLARED PERFORMANCE***
Velocità / *Maximum speed*: 45 km/h
Consumo / *Fuel consumption*: 33 km/l

APE 50 (2004-)

Come riconoscerlo / ***Identifying the model***

Il fanale è sdoppiato / *Twin headlights*
La mascherina è orizzontale / *Horizontal grille*
Dal 2018 omologato Euro4 / *From 2018 homologated Euro 4*

I colori: rosso, verde / *Colours offered: red, green*
Esemplari prodotti / *Examples produced*: -
Portata cassone / *Loading capacity*: 180 kg

MOTORE - ***ENGINE***

Cilindri/Tempi: mono/ 2T - *Cylinders/Cycle: single/two-stroke*
Cilindrata / *Displacement*: 49.8 cc
Alesaggio x corsa / *Bore and stroke*: 38.4 x 43 mm
Rapp. di compressione / *Compression ratio*: 7.2:1
Potenza/giri: 1.5 CV/4500 - *Power/rpm: 1.5 hp/4500 rpm*
Coppia - giri / *Torque - rpm*: n.d.
Raffreddamento: aria forzata / *Cooling: forced air*
Distribuzione: pistone a testa piatta / *Valvegear: flat-head piston*
Alimentazione: carburatore 18 mm / *Fuel system: 18 mm carburettor*
Miscela / *Fuel mixture*: 2%
Accensione: volano-magnete / *Ignition: flywheel magneto*
Avviamento: leva a mano / *Starting: hand lever*
Frizione: multidisco in bagno olio / *Clutch: oil bath multiple plate*
Cambio: 4 marce - *Gearbox: 4 speeds*

CICLISTICA - ***FRAME, WHEELS, SUSPENSION, BRAKES***

Sospensione ant.: ruota tirata / *Front suspension: trailing link*
Sospensione post.: barre torsione / *Rear suspension: torsion bars*
Trasmissione finale: diretta / *Final drive: direct*
Ruote: lamiera, intercambiabili / *Wheels: pressed steel, interchangeable*
Freno ant.: tamburo 125 mm / *Front brake: 125 mm drum*
Freno post.: tamburo 125 mm / *Rear brake: 125 mm drum*
Pneumatici / *Tyres*: 100/90-10"

DIMENSIONI/PESO - ***DIMENSIONS/WEIGHT***

Lunghezza / *Length*: 2530 mm
Larghezza / *Width*: 1260 mm
Altezza / *Seat height*: 76 mm
Interasse / *Wheelbase*: 1590 mm
Serbatoio / *Fuel tank*: 10 litri/*litres*
Peso / *Weight*: 185 kg

PRESTAZIONI DICHIARATE - ***DECLARED PERFORMANCE***

Velocità / *Maximum speed*: 45 km/h
Consumo / *Fuel consumption*: 33 km/l

APE 50 (2004-)

Esemplari prodotti / Units built

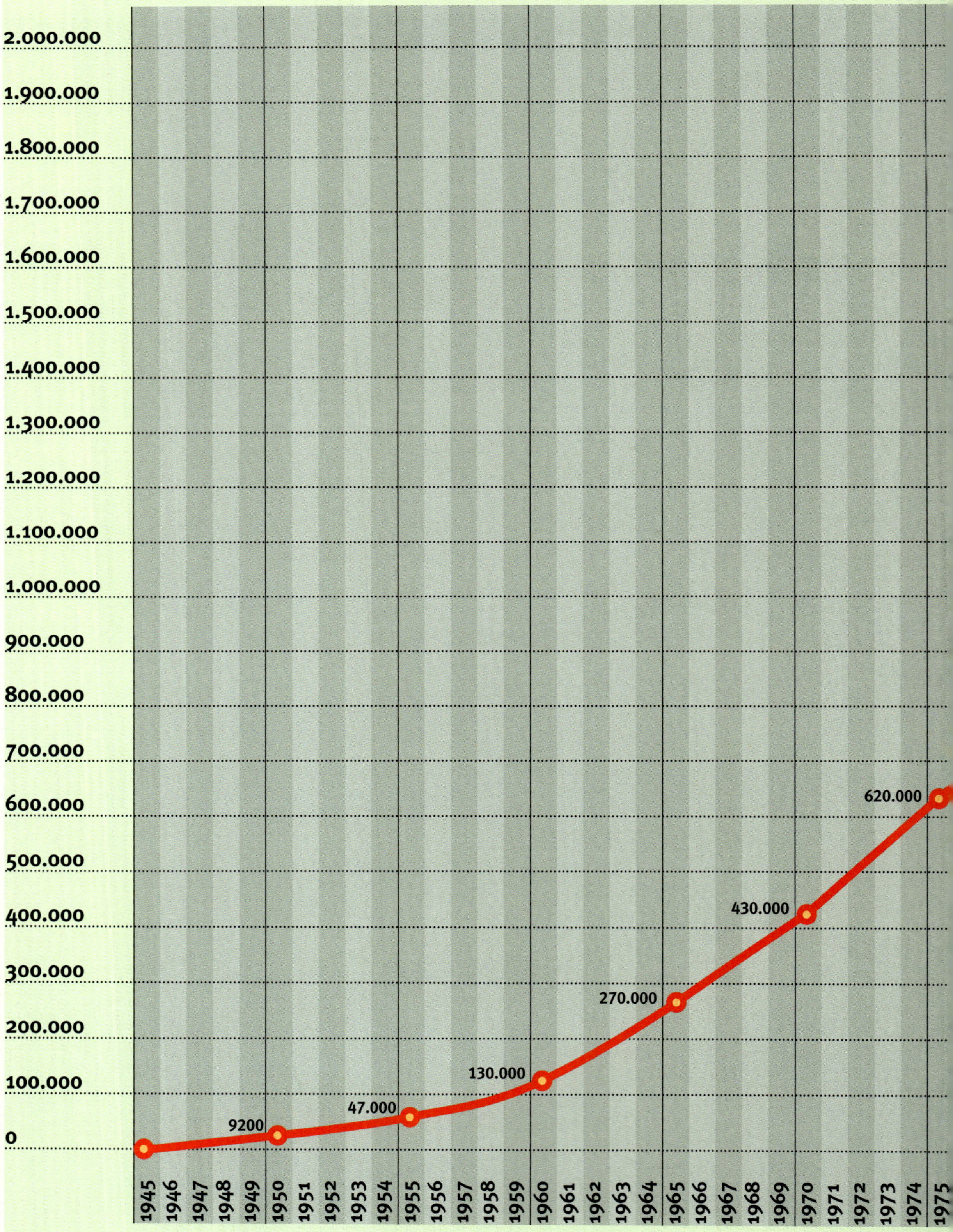

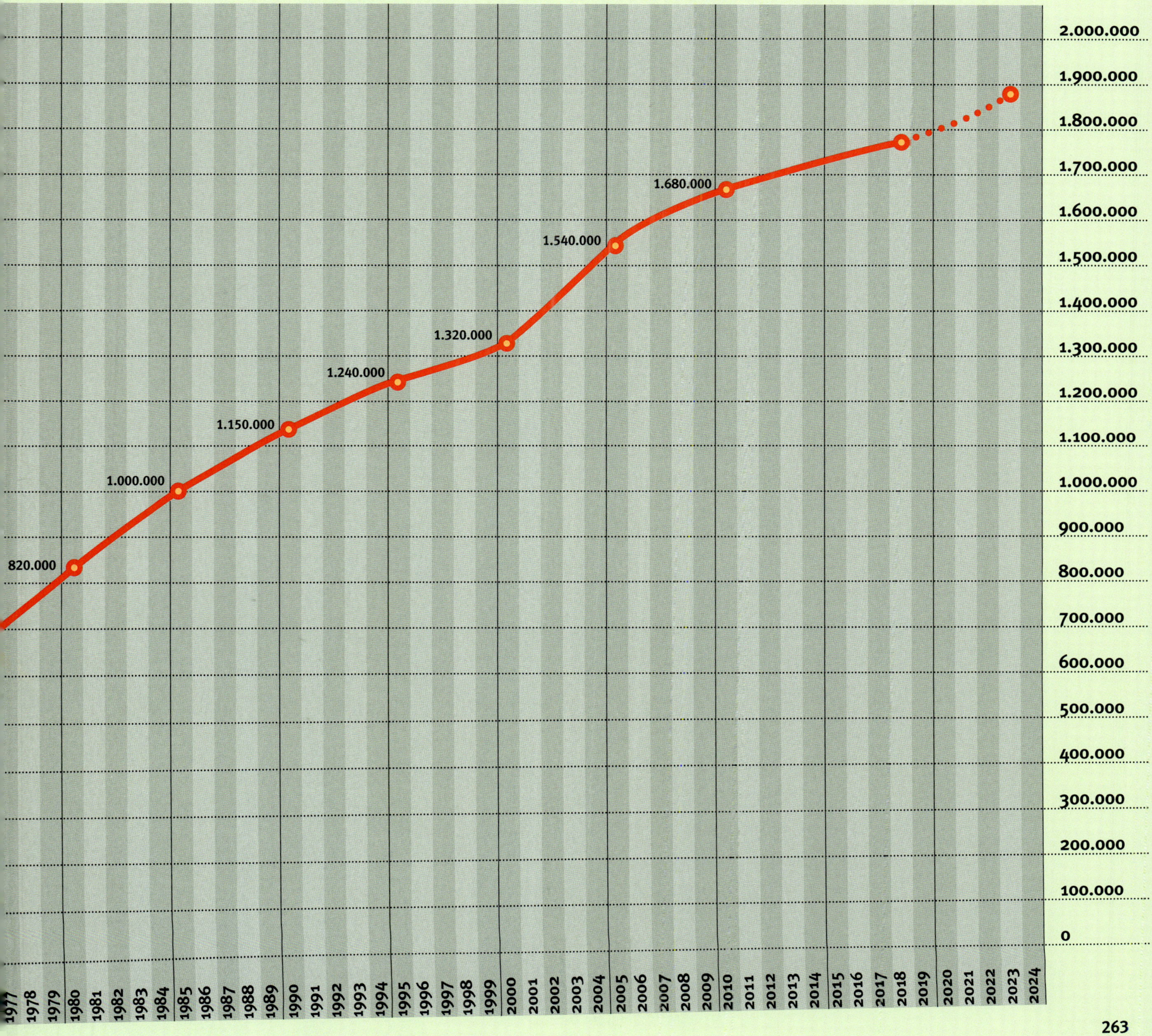
820.000
1.000.000
1.150.000
1.240.000
1.320.000
1.540.000
1.680.000
2.000.000
1.900.000
1.800.000
1.700.000
1.600.000
1.500.000
1.400.000
1.300.000
1.200.000
1.100.000
1.000.000
900.000
800.000
700.000
600.000
500.000
400.000
300.000
200.000
100.000
0
1977 1978 1979 1980 1981 1982 1983 1984 1985 1986 1987 1988 1989 1990 1991 1992 1993 1994 1995 1996 1997 1998 1999 2000 2001 2002 2003 2004 2005 2006 2007 2008 2009 2010 2011 2012 2013 2014 2015 2016 2017 2018 2019 2020 2021 2022 2023 2024

Finito di stampare presso/*Printed by*
D'Auria Printing, Ascoli Piceno,
agosto/*August* 2018